BREAKING THE MOLD TANKS IN THE CITIES

击碎谬论
——城市作战中的坦克

【美】肯德尔·D.戈特 著

赵战彪 孙 诚 孙万国 译

国防工业出版社

·北京·

图书在版编目(CIP)数据

击碎谬论:城市作战中的坦克/(美)肯德尔·D.戈特著;赵战彪,孙诚,孙万国译.--北京:国防工业出版社,2025.4(重印).--ISBN 978-7-118-13473-5

Ⅰ.E923.1

中国国家版本馆 CIP 数据核字第 20248HC316 号

※

国防工业出版社出版发行

(北京市海淀区紫竹院南路23号　邮政编码100048)

北京凌奇印刷有限责任公司印刷

新华书店经售

*

开本 710×1000　1/16　印张 9　字数 166 千字

2025 年 4 月第 1 版第 2 次印刷　印数 1301—1800 册　定价 79.00 元

(本书如有印装错误,我社负责调换)

国防书店:(010)88540777　　书店传真:(010)88540776
发行业务:(010)88540717　　发行传真:(010)88540762

编译人员

主　　编：赵战彪　孙　诚　孙万国
副主编：吴玉涛　孙洪军　高晋宁
编　　译：王东军　马　杰　冯越鑫　陈默鑫
　　　　　郑显柱　王　晖　吕维清　苏新明
　　　　　朱　宇　陈　静　姚雪琛　冯　铭
　　　　　包文峰　胡东华　霍　珂　窦青煜
　　　　　谭凯文　李艳华　陈　伟　张　敬
　　　　　邱涛涛
校　　对：姚雪琛

序

军事史上,很少有什么教训像"坦克在城市作战中表现不好"一样广为流传。有意将坦克投入城市战斗的想法对大多数人来说是诅咒。在本书中,肯德尔·D. 戈特(Kendall D. Gott)适时地用从二战到伊拉克战争的五个战例分析驳斥了这一观点。

这不是一项局限性的或歌颂式的研究。这些案例表明,坦克如想在城市作战中取得成功,就不能仅仅"到达"战场。从1944年的亚琛(Aachen)到2004年的费卢杰(Fallujah),在专业化训练上的硬性要求和在最低战术层级上运用合成部队,是本项研究得出的两个最突出的教训。使用得当、训练有素、保障有力的坦克部队在城市作战中起着决定性作用,反之亦然。车臣反政府武装在格罗尼兹(Grozny)给俄罗斯军队乃至全世界上了残酷的一课,即领导不力、缺乏训练的装甲部队在城市中被随意使用时会发生什么。

本书中的这些案例研究囊括从有限介入到主要作战行动的冲突中的高强度战斗。但是以它们为例为所有城市作战中使用坦克而进行辩护是错误的。随着作战强度的降低,在城市中使用坦克的第二和第三层次的负面影响可能开始超过它们的主要作用。它们庞大的重量和体型会对基础设施造成破坏,这只是坦克不适合各种任务的原因。然而,即使在和平行动中,快速地部署坦克和其他重型车辆的能力可能也是至关重要的。很有必要开展一项关于坦克在和平行动中效能的研究,且这一已经在筹划中。

本书是对城市作战中坦克和重装部队效能的最新分析。如果以史为鉴,美国陆军未来将会越来越多地在城市地形进行作战,因此有必要了解在这样的战场环境中如何使用坦克才能取得成功。战斗研究所的口号是:凡是过往,皆为序章(The Past is Prologne)!

蒂莫西·R. 里斯(Timothy R. Reese)
美国陆军装甲兵上校
战斗研究所主任

前　言

本书考察了坦克在城市作战中的使用。现代战场固有的威胁维度，放大了技术设计的缺陷和乘员缺乏城市作战训练的短板，以此为出发点，本书力图为正确运用坦克提供观点启示和前车之鉴。坦克不是一种要被扔进垃圾堆的老古董，即使是在城市街头，坦克仍然是美国军队的重要组成部分。

从1978年到2000年，我在陆军服役的大部分时间里，要么在装甲部队，要么在负责支援装甲部队或机械化部队的单位。我不一定能算这个领域的专家，但我对这个问题非常熟悉。作为一名M60A3坦克排排长，我亲眼目睹过美军在城市使用装甲兵的条令规定和实际态度，即"不要这么做"。在我的三次德国之旅中，装甲部队很多时间部署在森林覆盖的山上，俯瞰风景如画的山谷，但从未部署到城镇和村庄。当然，这在某种程度上是担心重型车辆的机械损耗，但即使是常规的防御计划也没有认真探讨城市战斗中的装甲兵运用，大概是把这种作战任务留给美军步兵或德国人吧。面对大多数德国城镇狭窄如迷宫般的街道，就连坦克手也认为自己的位置应该在野外。在和平时期，炮管撞到建筑物里、压坏民用车辆、遭遇堵车等经历，足以使坦克手在选择一座城市作为战场之前停下来。坦克就是要跑得快，打得远，而在富尔达或法兰克福的城区却做不到这一点。

以色列人在1973年中东战争中的经验强化了这种认识。当以色列人在沙漠中取得惊人战绩之后，我们许多人都试图效仿他们的程序和战术。和以色列人一样，坦克指挥官们也被鼓励敞开舱门来迅速捕获目标。我们大多数人的固有印象是以色列人用美国坦克和苏联制造的坦克交战。然而，我们装甲部队中的大多数人都在用传统方式思考,没有把以色列人的经验应用到城市作战中。事实上,以色列军队在苏伊士城的溃败反而加深了我们的恐惧。

从我当坦克兵和在侦察排任职以来,世界上许多重大事件已经显示出在城市地形中成功运用装甲兵的潜力。如果说我年轻时对在城市使用坦克是否明智还存在疑虑,那么现在我已经完全相信这一点。"决定性战斗兵种"现在不仅仅是重要的,而且比以往更加重要。显然,各国军队的各级指挥官也是这么想的,因为他们已经打破常规,把坦克投入到城市战场。

在本书中,我努力将重点放在支撑武器的作用和功能上。这并不是一本"如何战斗"的手册,因为美国陆军和其他军种已经就这个问题发表了相关原则。我把这些材料留给读者去找。研究不涉及机密材料。为防止混淆,防御一方的部队用斜体表示。由于精确的战损数据往往难以获得,因此使用了最佳近似值。注解突出了特别值得注意的资料来源,如果读者希望获得进一步的资料。亲身参与者和历史学家仍在分析费卢杰之战,因此,源材料是相对缺乏的。毫无疑问,未来几年将会有更多的信息披露出来。不过,从这一战例中收集关于装甲兵运用的有用的观点以供探讨也并不算早。

感谢战斗研究所所长蒂莫西·里斯上校,以及专题和编辑委员会的支持和意见。此外,感谢约翰·麦格拉思(John McGrath)先生和马特·马修斯(Matt Matthews)先生提供的研究资料和他们在这方面的专业知识。没有编辑,作家就不完整。我要感谢贝蒂·韦根德为这部著作所做的努力。

本书所表达的观点仅为个人观点,不代表美国陆军或国防部的官方政策或立场。

肯德尔·D. 戈特
战斗研究所

导　论

在第一次世界大战中坦克被作为步兵的支援武器来扩张突破口。由于科技水平在速度、距离和机械方面的限制，使得坦克条令一直被限制在战术的层次，直到德国在1939—1940年的进攻行动，才显示出现代化的装甲部队是战役层级的重要因素。然而直到现在都没有关于坦克在城市作战的探讨。即使是著名的军事历史学家和早期装甲战的理论家富勒也很少提到在城镇中使用坦克，只是劝阻不要在城市投入坦克。避免在城镇中投入坦克在现代陆军中是一种长期占据统治地位的观念。历史上，大城市的战斗通常充斥着惨重伤亡和巨大的附加伤害。坦克的威力在短兵相接的城市作战中极易被削弱，这在指挥官和作战参谋心中占据了重要地位。然而在历史环境中，已经证明人们高估了在城市中使用装甲兵的缺点，因为坦克为城镇作战提供了重火力支援[1]。

对于美国陆军来说，在城镇地形展开军事行动并不是什么新鲜事。第二次世界大战中无数美国军人参与过城市作战。新鲜的是坦克和装甲战斗车辆在城市中的运用越来越多。一度被认为是禁忌的事情现在变得稀松平常。因为全世界范围内的农村人口都在向城镇迁移。曾有一些预测机构预计，在不久的将来全世界人口的75%以上将住在城市里，未来战场转移到城市就在人们的预期之内。除此之外，维稳以及支援行动的需求会需要占领各种城市。未来的军事统帅将无法回避孙子的论断："其下攻城……攻城之法为不得已。"[2]

因为这些趋势,城市作战行动将变得非常必要。由于城市代表了国家的权力和财富,为了打败敌人,必须夺取其主要城市中心。这是因为城市不仅是统治机构所在地,也是工业基地、交通枢纽、国家经济中心和文化中心。

未来的城市战斗将充斥着危险,而这些危险是过去的军队努力避免的。狭窄的街道是理想的伏击阵地,遭受惨重伤亡的风险很大。城市战斗很少会有迅速而准确的结果。在城市中,敌人经常选择和平民混在一起。重火力通常会造成一片废墟,让作战条件更加恶劣。附加伤害会造成平民的伤亡。这样一来各种各样的媒体会把民众遭受战火的图片和流言传播到全世界。后勤输送和医疗疏散是最困难的问题。因此,军队将领对城市敬而远之就不奇怪了。

在一战中,英国和法国同时发展坦克都只是为了一个特殊目的。当时的坦克被用于为步兵在面对敌人的步枪和机枪及堑壕组成的前沿阵地中开辟通路。设计中的坦克是一种配备小口径火炮和机枪以及足够装甲防护,保障在接敌过程中不受伤害的步兵支援武器。技术限制和机械可靠性的现实水平严重限制了坦克的效果和使用。在二战中,坦克仍然只是步兵的支援武器,在战争初期城市一般是被迂回过去。这种情况在1941年以后发生了改变,苏联采取了坚守大城市的战术,迫使德军陷入攻城战斗。史诗级的斯大林格勒保卫战使德军在兵力和装甲车辆方面付出了高昂的代价。在1943—1944年,在通过法国和意大利向德国进攻的过程中,美军切身体会到了城市战的高昂代价。在这些战斗中,德军选择在城市作战,迫使美军攻击城市。这些十分残酷的教训进一步巩固了尽量避免陷入城市战的共识。这也使得在战争结束时,坦克的设计思路逐步摆脱了步兵支援武器的角色定位。从那时起,各主要军事强国都开始发展适用于对付装甲部队的坦克。这种趋势持续了60年,尽管装甲兵在战场上的角色和作用一直时不时为人所关注[3]。

随着条令的制订,美国陆军开始讨论运用装甲部队战斗的范围。野战条令FM90-10《城市地形作战行动》,十几年以来始终作为在城市地形下如何作战的蓝图。2003年野战条令FM3-06《城市行动》代替了FM90-10,它将在伊拉克战争中的经验整合进来。各种补充文件和无数的专业期刊也提出了这个问题。关于城市作战的绝大多文件都会直白地提出,当面对城市战斗时,如果可以的话应尽量避免投入其中。总的来说,在城市战中步兵仍然占据统治地位,装甲力量还是被归入支援力量的角色。这个条令在路易斯安那州波克堡的联合战备培训中心,德国霍恩费尔斯的战斗机动训练中心和肯塔基州诺克斯堡的城市战斗训练场都经过了实战和时间的检验。

伴随着游击战和先进武器的激增,很多美国防务计划决策者几乎已经把坦克作为了一种即将退役的遗留问题。20世纪90年代美国陆军削减了其装甲部队,将注意力转移到能够快速部署但不具备同等作战效能的地面车辆上。2003年的伊拉克战争和随后对该国的占领揭示了重装甲部队不仅不是"移动的棺材",而且还能为其他部队提供巨大且致命性的作战能力。它作为火力、机动力和震慑力的结合,能够打败装备了现代化反坦克武器的敌人。然而坦克也有弱点,其巨大的体积和自重限制了它的速度和使用区域。观察盲区和水平和俯仰运动经常受限的炮塔阻碍了坦克强大火力的施展。然而在与步兵、支援火炮和空中力量在城市作战中一起使用时,坦克就能够发挥它的支配作用了[4]。

后面五个章节里的代表性战例揭示了城市作战中坦克运用的解决方案。在早期的战例中,对坦克的使用几乎都是临时措施。较新的战例则揭示了坦克是作战计划中必须的组成部分。在各种战例中,坦克证明了它们的能力和价值,在与支援兵种合理搭配运用时,坦克在城市战场上即使不是必须的,但仍是一种有价值的武器。

参 考 文 献

[1] John F.C. Fuller, Armored Warfare (Westport, CN: Greenwood Press, 1994), 44-48. 富勒将坦克视为一种在开阔地形上用于达成战役效果的兵器。虽然装甲兵的运用是革命性的，但富勒还是十分保守地认为坦克应避免在大城市作战。

[2] Department of the Army, Field Manual (FM) 3-06, Urban Operations(Washington, DC: US Government Printing Office, 2003). Sun Tzu, Art of War, trans. Samuel B. Griffith (New York: Oxford University Press, 1963), 78.

[3] Trevor N. Dupuy, The Evolution of Weapons and Warfare (Fairfax, VA: Hero Books, 1984), 221-222. Richard Simpkin, Tank Warfare: An Analysis of Soviet and NATO Tank Philosophy (London: Brassey's Publishers, 1979), 164. 在其洋洋250多页的著作中，辛普金(Simpkin)对城市作战关注甚少。他指出，城市作战是无法避免的，但不赞同在城市中使用装甲兵。

[4] Patrick Wright, Tank: The Progress of a Monstrous War Machine (New York: Penguin Putnam, Inc., 2002), 429-431. M1127"斯特赖克"步兵战车就是例子。这种轻型车辆能够实现快速部署，但也要加装装甲才能在诸如 RPG-7 这样的老旧武器面前有一战之力。

目　录

第一章　街道上的谢尔曼坦克：亚琛，1944 ················· 1

　　"齐格弗里德"防线 ································· 3

　　合围亚琛 ··· 10

　　亚琛之战 ··· 14

　　最后一击 ··· 17

　　反思 ··· 20

　　参考文献

第二章　铁甲救兵：越南顺化，1968 ······················· 25

　　对顺化的攻击 ····································· 29

　　勉力坚守 ··· 30

　　反击 ··· 34

　　顺化皇城之战 ····································· 39

　　反思 ··· 44

　　参考文献 ··· 46

第三章　撼动卡斯巴：贝鲁特，1984 ······················· 50

　　以色列国防军 ····································· 51

巴勒斯坦解放组织 ·· 56

　　叙利亚军队 ·· 57

　　第一阶段 ·· 57

　　贝鲁特之战 ·· 65

　　进入城市 ·· 69

　　回顾 ·· 71

　　参考文献 ·· 73

第四章　闯入地狱：格罗兹尼,1995 ················· 77

　　俄军战斗序列和作战计划 ····································· 80

　　车臣武装的战斗序列和计划 ································· 82

　　进兵 ·· 83

　　拿下格罗兹尼之后 ·· 89

　　反思 ·· 91

　　参考文献 ·· 94

第五章　鏖战费卢杰,2004 年 11 月 ················· 97

　　联军部队 ·· 102

　　攻击计划 ·· 104

　　实施突袭 ·· 105

　　尘埃落定 ·· 111

　　反思 ·· 111

　　参考文献 ·· 113

结论 ·· 116

关于作者 ………………………………………… 122

参考书目 ………………………………………… 123
   政府文件与条令出版物 ………………………… 123
   专著与二手史料 ………………………………… 124
   期刊文章 ………………………………………… 128

第一章

街道上的谢尔曼坦克：亚琛，1944

在1939年时，美国陆军只有不到400辆装甲车辆，且大部分陈旧过时，分散配属给步兵和骑兵部队。那时装甲兵还不是独立兵种。1940年，以装甲兵为主要地面突击力量的德军在波兰、法国战场连连告捷，这让美国军方非常震惊。为缩小与德军装甲兵的差距，美国陆军开始紧急拟制生产、试验坦克的计划。战争进程的加快以及对大规模装甲集群的需求愈发凸显，这也制约了装甲车辆的研发、优化时间。因此，直到1943年2月，美军装甲部队才在突尼斯第一次参加大规模作战斗。初上战场的美军第1装甲师由于缺乏战斗经验，被老练的德军打得找不着北，但他们还是想尽一切办法卷土重来。在此后的18个月里，美军装甲部队除了在短暂的西西里岛战役参战之外，并没能够充分发挥作用，这一方面是因为意大利地势险峻，另一方面也是为后续大规模跨海登陆行动储备资源。[1]

到了1944年，美军装甲师的指挥体系架构逐渐完善，师部由3个战斗指挥部（A、B和R战斗指挥部）组成，根据战术情况变化及时调控战斗行动、协调保障资源。师通常编制3个坦克营、3个装步营、3个自行火炮营、1个坦克歼击车营、1个装骑侦搜营、1个工兵营和师属后装保障分队。除了成建制的装甲师，大约40个独立编制的坦克营也在欧洲参战。在战斗中，它们通常配属给步兵师，偶尔也作为半独立的装甲部队单独行动。

2　击碎谬论——城市作战中的坦克

美军装甲兵的作战运用理论当时尚处于研究论证初期,随着实际战斗情况的反馈不断调整优化。这一不断演变的美式条令在作战方法上通常是保守的,并以在开阔原野上作战为基础。

为数不多适用于城镇作战中运用装甲部队的几条原则,也在反复强调装甲部队如何支援步兵战斗。当时的步兵作战手册明确的作战环境,多以村庄、乡镇等地形为主,极少提及规模较大的城镇地形。而作战手册也告知步兵指挥官,要尽可能绕开建筑群密集的区域,避免陷入此类地形内部组织战斗行动。组织进攻的分队应当避免队形过于密集,要在外围充分发扬火力优势,尽可能毁伤敌防御外沿的火力点和防御工事,最大程度避免友军之间的误击误伤。

发明坦克的初衷,是设计一款攻防兼备的步兵支援武器,在战斗中以车载重火器毁伤、压制敌火力点和工事,伴随步兵分队前推攻击。从其设计初衷来说,坦克是步兵的支援武器,并将伴随步兵,为他们提供重武器对付敌人的据点。[2]

美军装甲兵作战运用理论最大的缺陷,在于其武器系统自身。二战期间,美军装甲兵的主战坦克是 M4"谢尔曼",该型坦克重约 35 吨,主炮为 1 门 75 毫米通用火炮,可发射高爆穿甲弹和白磷燃烧弹。坦克的机械可靠性较高,这是其最重要的特点。"谢尔曼"坦克在设计之初,被定位为步兵战斗支援坦克。后来,为了对付敌坦克的厚重装甲,美军在 M4"谢尔曼"坦克底盘上装载了 1 门 75 毫米高初速反坦克炮,研发生产了 M10 坦克歼击车。M10 坦克歼击车的主炮能轻松击穿大部分德国坦克的装甲,其对厚重的围墙和固定工事的毁伤效果也令人满意。M10 坦克歼击车的车体装甲不如 M4"谢尔曼"坦克厚重,因此它能携带更多炮弹。这两型装甲车辆车体宽均在 9 英尺(英尺=0.3048 米)左右,能够在大部分欧洲城镇狭窄的街道上保持良好的机动性。

美军装甲部队投入实战后,车组人员很快发现德军装甲部队无论火力还是防护力都占据明显的优势。M4"谢尔曼"坦克和M10坦克歼击车在德军坦克火力和各类反坦克武器面前十分脆弱,这其中就包括"铁拳"式反坦克火箭筒。"铁拳"是一种手持发射的单发无后坐力武器,使用聚能装药弹头。尽管"铁拳"的射程只有30米左右,但它依然对美军装甲部队构成了较大的威胁。这种廉价高效的武器被德军大量列装,很快,美军装甲部队就明白,要尽量避开德军坦克以及大量列装"铁拳"的德军步兵。[3]

美军通常通过集中使用装甲集群和集中运用空地火力支援,来弥补装甲部队整体技术水平偏低的短板。1944年8月至9月,在突破了诺曼底地区遍布树篱的地形之后,盟军追击败退的德军,一路穿越法国。当盟军接近德国边境时,后勤补给日渐吃紧,这极大地影响甚至一度迟滞了盟军的攻势。后勤补给状况限制了弹药补给和机动能力,这种情况直到1944年底,盟军彻底控制了安特卫普港才有所缓解。当盟军接近德国边境时,不得不面对后勤补给的短缺以及恶劣天气对空中力量的限制。

盟军的停顿给德军带来了难得的喘息之机,德军得以调整加强其本土防御。至此,盟军的铁甲洪流大摇大摆通过开阔原野的时期结束了[4](地图1)。

"齐格弗里德"防线

"齐格弗里德"防线又称"西墙"防线,指的是从德荷边境一直延伸至德瑞(瑞士)边境的连续防御阵地,主要用于防御来自西方的进攻。其主体由连绵不断的防御工事和成片的混合障碍区构成,防线后侧预置了机动的预备队和炮兵来阻止和打击局部渗透。1936年德军重新占领莱茵兰地区后,开始构筑"齐格弗里德"防线。但在1940年德军占领法国全境后就停止了该工程。时隔4年,这条防线已经有些陈旧了,但仍然不失为强大的战力倍

4 击碎谬论——城市作战中的坦克

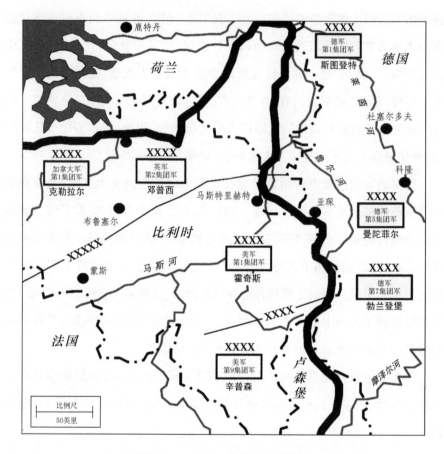

地图 1　1994 年 9 月盟军进攻前锋

增器。不幸的是,德军在法国的一系列战役中损失了大量的人员和装备,这对其在西线组织防御极其不利。[5]

在美军第 1 集团军的方向上,要突破的是亚琛以北的"齐格弗里德"防线,这里的防御似乎是最薄弱的。第 30 步兵师的任务是突破德军防线后向南侧实施卷击,与第 1 步兵师(隶属于第 7 军)在(维尔瑟伦)附近会师,从而形成对亚琛的包围。第 2 装甲师则寻机渡过乌尔姆河(Wurm River)来扩张突破口,而后继续前进 9 英里(1 英里=1.61 千米),夺占鲁尔河(Roer River)上的渡口。为吸引德军注意力并调开其主力,第 29 步兵师沿军的左翼实施了佯攻。攻击行动拟在10月1日发起,盟军希望能够以较小的代价占领亚琛或干脆绕过它,然后大部队就可以沿着突破口马不停蹄地向鲁尔河推进,但这显然是不可能的,德军的顽强抵抗,加上亚琛方向形成的突出部,使得夺取亚琛成了必选题。[6]

第30步兵师师长利兰·S·霍布斯少将(Leland S. Hobbs)选定了亚琛以北9英里处一段宽约1英里的地段作为沿着乌尔姆河实施渗透的突破口。选择此处,是为了避开盖伦基兴(Geilenkirchen)附近防御较强的地段和亚琛附近复杂的城镇地形。霍布斯本可以选择更靠南的地段作为突破口,以便更早与第7军会合,但他并没有那么做。因为他发现,该师作战地域北部的那条道路更适合作为补给线,并且可以很大程度上避免潜在的巷战。

第1步兵师位于第30步兵师的右翼,他们也在寻找进军亚琛的最佳路线。第26步兵团展开了积极的侦察行动,摸清了该区域德军大致的兵力数量,并评估了进出亚琛的道路和开进路线。以上的侦察显示,德军在亚琛及附近地域将有重兵把守[7](地图2)。

此时,德军已派新组建的国民掷弹兵第183师增援这一地区。"齐格弗里德"防线的工事也配备了部队,由该师和其他临时拼凑的部队组成。德军以共约7个营(每营约450人)的兵力在亚琛以西组织防御。盖伦基兴至林姆堡(Rimburg)间的防御地段,部署了国民掷弹兵183师步兵330团2个营的兵力,林姆堡以南部署了德军第49步兵师的5个营。

在第30步兵师的进攻正面,德军有4个炮兵营和1个210毫米炮兵连以及2门大口径铁道炮。这一地段的德军坦克很少。国民掷弹兵第183师下辖的3个团,每个团至少有1个营的兵力适合进行快速反击。第116装甲师位于亚琛以西,在战斗中担任预备队。这些部队过去并无隶属关系,但战争已经进入这个阶段,这些部队只是一群临时凑起来的大杂烩,其凝聚力可想而知。[8]

霍布斯命令其部队做好在该区域发起全面攻击的准备,务必切断亚琛

6　击碎谬论——城市作战中的坦克

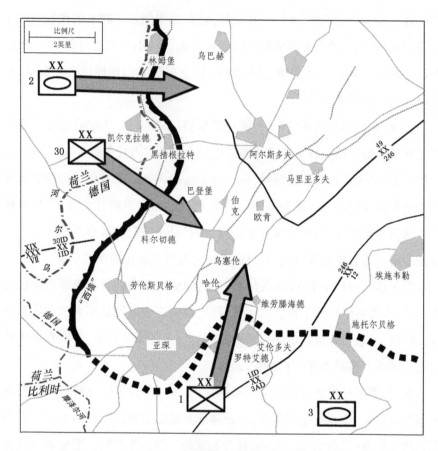

地图 2　攻占亚琛的计划,1944 年 10 月

守军与其北翼的联系,并尽快跟南翼的美军第 1 步兵师会合。9 月 26 日,美军开始系统性地以猛烈炮兵火力对第 30 步兵师当面德军防御工事实施毁伤。参战的炮兵共有 26 个营,包括第 2 装甲师、第 29 步兵师、第 30 步兵师的炮兵部队,第 19 军的 8 个炮兵营、第 1 集团军的 3 个炮兵营,以及第 30 步兵师配属的 4 个炮兵营。对一线全面炮击之后,在步兵发起冲击前几个小时,炮兵开始转移火力。此阶段美军火力打击的重点是敌高射炮阵地,以掩护按计划实施先期空袭的中型轰炸机,并且反击德军的反火力准备。在地面火力的掩护下,美军的中型轰炸机开始实施轰炸。空中打击经过了精心

规划,以避免再次出现诺曼底那样的误伤事件。[9]

第30步兵师各团都组织了针对突击掩体和打击装甲目标的战前训练。虽然期间并未组织城镇战斗的演练,但接下来几周的战斗历程表明,临战训练还是起了很重要的作用。亚琛当面的第1步兵师也组织了类似的临战准备。那边的第18步兵团和第26步兵团将对"齐格弗里德"防线发起进攻。第18步兵团从艾伦多夫地区(Eilendorf)向北攻击,在哈伦(Haaren)以北与第119步兵团会师,形成对亚琛的包围。第26步兵师则负责突入亚琛城区,第3装甲师的2个中型坦克连约20辆装甲车配属第26步兵师,作为反击力量。[10]

10月2日清晨,对"齐格弗里德"防线的进攻正式拉开序幕,盟军轰炸机从阴云笼罩的天空中对第30步兵师当面的德军阵地倾泻炸弹。与此同时,400多门火炮发射徐进弹幕,掩护步兵冲击。第117步兵团和第119步兵团的士兵奔涌向前,踩着浮桥通过狭窄的乌姆河,在河对岸的铁路装载站寻找隐蔽处。迅速集结之后,美军步兵开始用轻武器、手榴弹、火焰喷射器、"巴祖卡"火箭筒等武器,勇猛地对德军的防御工事实施攻击。临战训练成效明显,美军士兵分工明确,各司其职。不幸的是,因为乌尔姆河河堤土质松软,坦克和坦克歼击车无法过河,直到当晚浮桥彻底完工后才能过河。没有装甲车辆伴随进攻的步兵分队伤亡惨重,但仍顽强而缓慢地将战线前推,突破了德军的一道道防线[11](地图3)。

得益于第29步兵师一部在北线的佯攻,德军在进攻面前反应迟钝,好几个小时之后才发觉美军的真实意图和主攻方向,此时,德军第49步兵师已没有足够的兵力组织反击。第183国民掷弹兵师可使用的兵力只有1个步兵营。德军最后出动1个突击炮营在第183师1个步兵连的支援下发起反击。由于盟军的空中优势,这支小型特遣队直到天黑才开始开进。当他们出动时,遭遇大量美军炮兵十分有效的阻击。午夜时分,德军反击部队才开始接敌,但他们只剩下2门突击炮和少量支援步兵。美军猛烈的火力(包括使用

8　击碎谬论——城市作战中的坦克

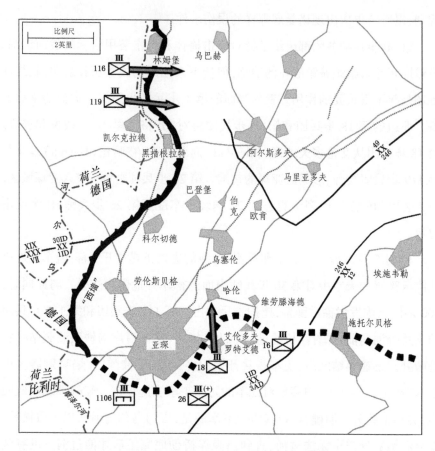

地图3　1944年10月2日,亚琛及其附近地区

"巴祖卡"火箭筒),迫使德军撤退。[12]

　　10月3日晨,第2装甲师B战斗群(CCB)的坦克和半履带车接管了第30步兵师夺取的小桥头堡。B战斗群来协助该师扩大桥头堡,让其步兵继续向南挺近,与第1步兵师第18步兵团会合。德军猛烈的炮击和持续一周的倾盆大雨迟滞了美军装甲兵在这个小小口袋地形内的机动,但美军的装甲部队还是持续挺进。入夜时分,步兵和装甲部队已经抵达于乌巴赫(Übach)的北部和西部边缘。[13]

　　德军疯狂地组织部队阻击美军。为简化指挥层级,德军第49步兵师和

第一章 街道上的谢尔曼坦克:亚琛,1944

第183国民掷弹兵师直接统一由第183师师长沃尔夫冈·朗格(Wolfgang Lange)将军指挥。2个突击炮旅、第183师师属工兵营、第49师2个步兵营和预置在亚琛城内的第264团1个步兵营急忙向美军发动反扑。由于一些原因反击行动推迟至10月4日上午打响。德军猛攻美军第119步兵团,但美军猛烈的炮火在数小时内击溃了德军的3次攻击。在南边,德军第27步兵师向美军实施凶猛地反冲击,这次反击得到8辆突击炮的支援,并向美第1步兵师防区实施了炮兵火力准备。战斗异常激烈,但德军仍无法夺回"大红1师"(美第1步兵师)的阵地,最终只能撤退。相反,美军继续进兵,意图合围亚琛[14](地图4)。

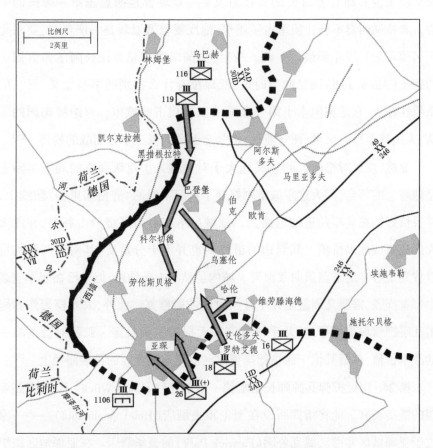

地图4　1944年10月4日至7日,亚琛

合围亚琛

亚琛的历史可以追溯到罗马时代,查理曼大帝就诞生于此,这里也是神圣罗马帝国的首都,超过32位帝王在此登基。在盟军猛烈轰炸前,亚琛有16.5万左右人口,产业以工矿业为主。但到1944年8月时,亚琛城内的人口锐减到2万余人。随着盟军的逼近,德军发布了强制疏散命令,将大约7000名滞留者转移到安全区域。尽管亚琛对战局不再有重要影响,但对于希特勒来说其却有着重要的象征意义——亚琛曾是德意志第一帝国的中心。希特勒叫嚣不会让盟军占领亚琛,他反复强调亚琛是一座堡垒,要求每一名德军士兵战斗到最后一刻。战后,德国国防军总参谋长阿尔弗雷德·约德尔(Alfred Jodl)回忆此事时说,亚琛没有什么特别的军事意义,但它的重要性在于,它是德国本土第一个遭受盟军攻击的城市。对纳粹德国的军队、人民甚至敌人来说,死守亚琛,将是全德国为保卫本土而战的榜样。[15]

显然,亚琛对德国人的意义远大于对美国人。亚琛面临的局面实际上是地理上的巧合,因为这座城市刚好处于延绵不断的"齐格弗里德"防线上,并且恰好挡在美军前进的道路上。该城坐落在群山环绕的山谷里,并无太大的战略或战术价值。其周边的道路网也并不十分重要,其南北两侧均可以找到足够多的道路通向莱茵河。城内虽然有1条铁路,但早已在盟军空袭中严重损毁,需要几周甚至几个月的时间才能修复。此外,大规模轰炸和炮击几乎把该城夷为平地,几乎没有完好无损的基础设施。亚琛对盟军唯一的战术价值,就是其位于通往德国鲁尔河沿岸重工业区的最短路径上。[16]

第246国民掷弹兵师师长格哈德·维尔克(Gerhard Wilck)上校,也是亚琛的最高长官。他将指挥所设在奎伦霍夫酒店(Hotel Quellenhof)——一家位于亚琛城区北部法威克公园(Farwick Park)的豪华酒店。在亚琛地区组织防御的德军士兵大多来自第 246 师,也有一些来自其他的部队。第 34 要塞机枪营配属第 453 步兵教导营一部,属于临时拼凑的部队,战斗力有限。大约 125 名亚琛本地的警察仍留在该城,另有 80 多名科隆警察也调入亚琛一并行动。德军空军 2 个守备营也被派到城内,其主要兵员是未受过步兵训练的专业兵种,维尔克上校手里只有 5 辆Ⅳ号坦克可用,该型坦克配备了 75 毫米高初速主炮。城内守军的炮兵包括第 76 摩托化炮兵团的 19 门 105 毫米榴弹炮,以及第 146 装甲炮兵团的 8 门 75 毫米炮和 6 门 150 毫米炮组成,亚琛防空群由多种对空火器组成,大多作为地面炮兵使用。在通信顺畅时,维尔克上校还可以召唤美军包围圈外的支援火力。德军的战机只能在夜间零星出动,因而在战斗中发挥的作用不大。[17]

当美军第 30 步兵师和第 1 步兵师以钳形动作包围亚琛时,第 26 步兵团展开了向亚琛的攻击。该团可用的兵力在数量上不如德国守军,2 个营在前沿平行突进,1 个营为预备队。战斗中,第 26 步兵团得到了 2 个 M4"谢尔曼"坦克连和 1 个坦克歼击车连的加强。

为避免陷入城镇里的逐屋战斗,10 月 10 日,考特尼·H·霍奇斯（Courtney H. Hodges）中将向德军指挥官发出最后通牒,要求其在 24 小时内率部向美军投降,否则将遭到大规模轰炸。城区内幸存的一些平民从窗户上挂出白旗,但德国军队并没有提出投降。10 月 11 日中午起,美军的轰炸机和炮兵按计划开始攻击亚琛。[18]

德军面临的形势并非完全绝望,但他们做出反应的能力也很有限。通往亚琛的补给道路已经被封锁,所以德军必须对切断通道的美军第 18 步兵团和第 119 步兵团组织强有力的反击。10 月 10 日,德军第 3 装甲掷弹师和第 116 装甲师被派往受威胁的区域,但他们并不是整建制投入战斗,而是零星地抵达。美军强大的火力支援和顽强阻击,最终击退了德军的小股部队。在接下来的几天里,德军锲而不舍地向亚琛派出增援部队,但却始终未能突破美军薄弱的防线。缺乏增援和补给的亚琛被彻底孤立了,失守只是时间问题。亚琛不会不战而降,美军准备横扫这座孤城(地图5)。[19]

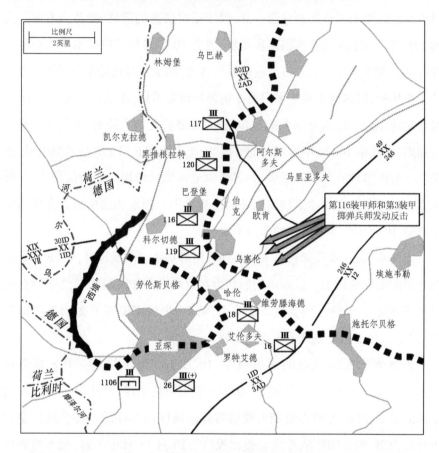

地图 5　1944 年 10 月 10 日至 11 日,围攻亚琛

第 26 步兵团团长约翰·F·R·塞茨(John F. R. Seitz)上校带领他的 2000 人准备拿下亚琛。在过去 2 天里,第 26 步兵团已经进至亚琛东郊的罗特艾德(Röthe Erde),正在占领阵地准备对市中心发动攻击。塞茨上校在其战线左翼部署了 1 个连,以便与拒守城西防线的第 1106 工兵群保持联系。德里尔·M·丹尼尔(Derrill M. Daniel)中校指挥的第 2 步兵营部署在亚琛—科隆铁路线上,准备沿着狭窄的中世纪街道和砖石建筑物边沿向市中心实施攻击。约翰·T. 科利(John T. Corley)中校指挥的第 3 步兵营担任主

攻,战斗发起后,其首先向西北方向实施攻击,利用宽阔的街道和厂房突破亚琛新城区,而后向东北卷击,夺占亚琛北部3个制高点。这3个高地是一个大型城市公园,德国人称其为卢斯山(Lousberg),美国人则称为观景山(Observatory Hill),因为在最高的山顶上有1座瞭望塔[20](地图6)。

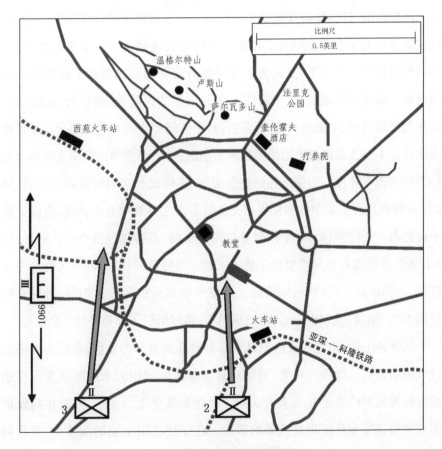

地图6 城区中心战斗

投降时限过后,大约300架盟军飞机在良好的天气条件下开始组织轰炸。城镇外围的步兵对当面目标实施了侦察引导,并用火炮和迫击炮发射发烟弹做标记。12个炮兵营参加了火力打击行动,共发射了超过5000发炮弹。虽然空中侦察和地面观察均显示空袭和炮击很准确,但步兵并未发现德军的火力明显被压制。[21]

10月12日上午11时,第26步兵团开始进攻亚琛。第2步兵营编组为若干小型突击队,每个步兵排均配属了1辆M4"谢尔曼"坦克或M10型坦克歼击车。计划是让坦克或坦克歼击车为步兵提供直瞄火力支援,确保步兵在发起攻击前,建筑物持续遭受火力打击。当步兵对建筑物实施突击时,坦克或坦克歼击车会将主炮对准相邻建筑物或其他敌火力可能来袭的方向。在轻重机枪火力支援下,步兵突入建筑物后将利用轻武器和手榴弹展开逐屋搜剿。如遇德军顽抗,美军将使用各连加强的火箭筒、爆炸物、火焰喷射器和加强的团属57毫米反坦克炮进行打击。轻型火炮和迫击炮会在步兵攻击线前方1至2条街道上组织拦阻射击制造弹幕,而重型火炮和飞机则会轰炸纵深的德军阵地。为使上述这种多层级、多样式的火力配系高效运转,第2步兵营营长丹尼尔中校根据街道交叉口和高大建筑物分布情况,布设了若干检查点。任何相邻的2个作战单位在会合前,不得越过检查点。此外,第2营还为各排级以上单位划分了特定区域。为防范误伤,各部每天晚上停止进攻,组织休息、补给和巩固阵地。为便于前运补给和后送伤员,丹尼尔中校用M29"鼬鼠"式(Weasels)两栖运输车,临时组织了弹药补给车队。[22]

从理论上说,坦克和火炮配属步兵实施近距离火力支援,是较为传统的进攻编组方式。就目前看来,美军对装甲部队的运用艺术较同年夏天在诺曼底树篱地形的战斗并无太大区别。坦克提供重火力支援,同时步兵保护坦克免遭德军步兵反坦克武器的袭扰。在穿越法国全境的战斗中,步兵和装甲兵并肩作战,这些老兵都知道双方各自的能力和局限所在。

亚琛之战

在进攻行动暂时受挫之前,第2步兵营尚未进至第1个检查点。刚进至

第一章 街道上的谢尔曼坦克：亚琛，1944

亚琛不到10分钟，就有20多名美军步兵被后方射出的子弹打倒在鹅卵石地面。惊讶的美军还来不及还击，袭扰的德军就瞬间消失在路旁的下水道里。这些下水道构成的地下工事成了新的麻烦，若不想被地下钻出来的德军打黑枪，美军必须找到所有井盖并堵死。美军步兵发现，更为麻烦的是要想完全不留隐患地通过建筑物，就必须仔细地逐屋清除藏匿其中的德军士兵和平民。攻击的速度被迫降了下来，美军开始彻查每栋建筑物，寻找藏匿的德国人。[23]

第3步兵营向观景台山发动了攻击，但很快发现进攻路线被防御严密的公寓楼隔断。城镇战斗中衡量战果的重要标准，是控制建筑物、楼层和房屋的数量。德军装甲部队击中了2辆支援的"谢尔曼"坦克，但其中1辆被修复。显而易见的是，美军坦克的主炮对该地区的部分建筑物毫无办法。为突破德军防御，第3营营长科利中校召唤了1辆155毫米自行火炮，命令其像坦克一样用直瞄射击的方式提供火力支援。大口径自行火炮一炮就将坚固高大的建筑物夷为平地。尽管在城镇作战中，以直瞄射击的方式使用自行火炮并不常见，塞茨上校还是调配了另1门自行火炮来支援第2步兵营。夜幕降临时，步兵3营已进至观景台山山脚下，但在这时，美军仍然时不时遭到德军猛烈的炮击。[24]

对于一路上已经摸到城市战门道的美军来说，亚琛的战斗变成了一种固定模式。通常，一辆坦克会向其掩护的步兵排正前方的建筑物开火，压制住敌方火力，直到步兵进入建筑物并用自动火器和手雷将内部清理干净。美军也及时注意到了一直存在的反坦克火箭筒的威胁。步兵掩护坦克，坦克反过来也掩护着步兵。实际上，坦克和坦克歼击车往往位于冲击步兵侧后的另一条街上，向前窥探或在角落里向目标开火。一旦路障被清理，装甲车辆就会迅猛冲过刚清理过的街道。没有人考虑附带损伤这回事，但事实上损伤是巨大的。[25]

战斗中也有奇兵。在进攻亚琛的前几天，美军一支游骑兵特遣队在战略情报局（OSS）的指挥下遂行任务。游骑兵身着德军军服，带着伪造的证件和德式武器,以小队为单位深入敌后实施破袭行动。参加此任务的队员操着一口流利的德语,执行任务前均接受了长达几个月时间的特殊训练。在夜幕的掩护下,1支小队成功地潜入亚琛并摧毁了1个通信枢纽。游骑兵们在能够覆盖德军快速反应部队兵营的位置配置了2挺机枪,随后用信号弹和召唤炮火来吸引德军注意,当德军士兵从地下掩体里冲出来时,迎接他们的是机枪子弹。[26]

10月13日,第26步兵团2营、3营仍在组织进攻,虽然进展缓慢但仍在稳步推进。在工业区的一次战斗中,德军1门20毫米高炮打散了掩护2辆M4"谢尔曼"坦克的步兵,德军以"铁拳"火箭筒摧毁了其中1辆坦克并击伤了另1辆。3名勇敢的步兵抬走了阵亡者和伤员,并奇迹般地将坦克开到了安全位置。2营、3营在城内艰难地建立了联系,但接下来还有许多苦战[27]。

维尔克上校率部坚决抵抗,但他对美军成功地向观景台山挺进还是感到震惊。他原以为,美军会从南面向城内实施主攻,因此基于这个判断进行了防御部署。美军首夺亚琛制高点,可以直接俯瞰整个城区,直面亚琛西边防御相对薄弱的地带。维尔克上校立即从第404步兵团中紧急调配了150余人赶赴战况吃紧的地区。但他手里已经没有更多的部队了,自己的指挥部也岌岌可危,据此维尔克选择了求援。武装党卫军的1个营在北面占据了"齐格弗里德"防线的某处阵地,他们正忙于阻击美第30步兵师的攻击。直到10月14日傍晚,该营暂时脱离北翼的战斗,在获得8门突击炮的加强后开赴亚琛。该营兵力在前期的战斗中损失过半,没有时间组织调整补充。这支临时拼凑的增援部队,在24小时内无法赶到亚琛。[28]

10月15日,科利中校的第3营在4.2英寸化学迫击炮的支援下,重新组织攻击。战至中午,美军步兵已经占领了一些重要建筑物,但奎伦霍夫酒店的墙壁异常坚固。科利中校再次调动155毫米自行火炮和1个连的预备队上阵,但此时德军组织了1次营级规模的反冲击。美军坚持抵抗了约1小时,但德军在突击炮的支援下,运用了和美军同样的战术。德军第404步兵团和一个武装党卫军营击退了美军1个连,攻击奏效后德军向南进兵。期间,德军成功击毁了1辆M10坦克歼击车、1门反坦克炮和1挺重机枪,但美军仍坚持到17时左右,此时德军已无力继续组织进攻。基于美军此次进攻和德军反击的错综复杂的态势,塞茨奉命组织第26步兵团就地转入防御,利用这段时间抓紧组织休整补充,静观战场形势发展。[29]

10月16日,趁着战斗空隙,美军第26团2营集中精力解决当面的一处大型堡垒。丹尼尔中校用步兵掩护M10坦克歼击车,用坦克歼击车掩护155毫米自行火炮。其中1辆坦克歼击车在1栋建筑物下方打穿了几个缺口,为自行火炮创造了射界。自行火炮占领炮击阵地后迅速炮击德军工事,但后来才得知那只是1辆经过伪装的装甲车。之前据守亚琛包围圈西侧的第1106工兵战斗群向前推进,与第26步兵团建立联系。这使得美军步兵能够放手继续进攻。[30]

德军清醒地认识到,如第3装甲掷弹师和第116装甲师不能打破美军的包围,亚琛必然失守。美军第119步兵团于10月16日前推进至与第18步兵团的会合点,后者在德军对第1步兵师的反击中被迟滞,但仍然向前推进了3英里并完全切断了亚琛。激烈的战斗持续了3天,德军疯狂地攻击亚琛东面的美军,但由于协同不到位,始终未能形成突破。亚琛城内的守军试图从包围圈内配合反击,但并未奏效。德军猛烈而徒劳的反扑行动,让守住亚琛的幻想进一步破灭了。10月19日晚,该地区的德军指挥官决定停止救援行动,开始准备迎接盟军下一波攻击。摆在维尔克上校面前的只有两种选择,要么战斗到最后一兵一卒,要么率部投降。[31]

最后一击

德军解除亚琛包围的威胁消除之后。美军第7军军长约瑟夫·L. 柯林

18　　击碎谬论——城市作战中的坦克

斯将军(Joseph L. Collins)决定使用1支大规模的装甲部队速战速决。第3装甲师的1个坦克营、1个装步营组成"霍根"特遣队,计划与科利中校的第3营共同进攻并夺取观景台山。攻下山头后,"霍根"特遣队将继续进攻劳伦斯堡村(Laurensberg)。该村位于亚琛西北2英里,是"齐格弗里德"防线上德军尚未失守的一处要点。此外,第26步兵团得到第28步兵师110团2营的加强担负防御任务,在突击兵力推进后,控制住占领的建筑群[32](地图7)。

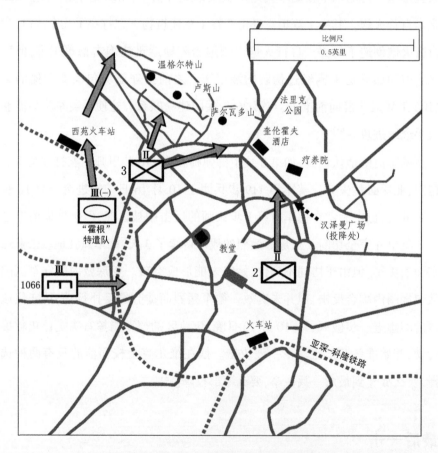

地图7　1944年10月18日至22日的总攻

10月18日,盟军再次组织进攻。第26步兵团3营向前进攻,收复了3

天前丢失的阵地,占领了奎伦霍夫酒店。2营稳扎稳打,突入亚琛市中心,"霍根"特遣队运动至攻击位置,准备攻占观景台山/劳伦斯堡。由于地面土质松软,加上德军顽强抵抗,进攻行动并不容易。第二天,美军继续发起进攻。"霍根"特遣队的装甲分队向劳伦斯堡推进,但由于第30步兵师抢先抵达该地,该部只好折向东面。丹尼尔中校的第2营占领了亚琛中心的主要火车站,而后向北推进。至此,德军的防御被逐步瓦解。[33]

10月19日,维尔克上校发布了当天的命令,其中讲到:"亚琛守军要准备好最后的战斗,我们会按元首的命令,即使仅剩一隅,我们也要战斗到最后一人、最后一发炮弹、最后一发子弹。"这段话截取自亚琛守军发出的电报,但它对严峻的局势并没有任何影响。事实上,维尔克上校已经向他的军长发出预警,他判断亚琛将在第二天失守,因此请求批准突围,但突围的请求被拒绝了。双方仍在持续激战,亚琛正在陷落。维尔克上校只剩下1200余作战人员和1辆突击炮,尽管炮兵观察员仍在不断地指示目标,但德军炮兵的炮弹已经打光了。奎伦霍夫酒店附近的每个地下室里都挤满了伤员,医疗用品几乎耗尽。更可怕的是,部队的战斗意志也濒于崩溃。[34]

10月21日午后,科利中校的第3营准备用1门155毫米自行火炮炮击一处被认为是防空掩体的目标,就在这时战斗结束了。这里实际上是维尔克上校的指挥所,于是他终于准备投降了。德军先放出了2名美军俘虏示意让美军停火,德军借此机会走出掩体向美军投降。收到投降的命令后,亚琛守军纷纷放下了武器。投降的德军和平民一并被美军疏散,战线继续向东推进。有趣的是,没有任何破坏分子站出来反抗美军的占领行动。德军并未为这种行动做好准备,而且由于居民全都撤离了,也无法准备反抗行动。[35]

在最后7天的巷战中,美军共有75人阵亡,414人受伤,9人失踪。亚琛守军死伤近2000人,3400余人被俘。第30步兵师在亚琛城区和外围的战斗中,共俘虏了6000余名德军。[36]

反思

总体来看,美军夺占亚琛的战斗进展得较为顺利,但仍经过激烈的战斗,并需要运用高度的适应性和灵活性。步兵和装甲兵前期的训练并非专门为城镇战斗量身定制,但其仍能够充分运用火力和协同动作达成效果。比如开创性地在城镇内运用155毫米自行火炮和坦克来毁伤敌阵地,就是极好的例子。另一个例子,是丹尼尔中校为确保摧毁德军各支撑点并且避免误伤而采取的战术控制措施。但认真分析一下,夺占亚琛的战斗依旧是常规性的,甚至仍然是线性的。按当时的常规做法,在战术运用上强调火力和机动性,这与在树篱地形以及法国境内许多乡镇、村庄里采取的战斗方法并无二致。坦克和坦克歼击车被用作机动火力平台,将火力投射到步兵需要的位置,但依旧是起辅助作用,并未单独实施大胆的进攻,而是以火力支援步兵推进。步兵在亚琛之战中是主力,但离开装甲部队他们也无法完成任务。这次战斗只不过碰巧比之前的同类型战斗规模大得多。[37]

此战发生之际,德军已经有了城镇作战的经验,但这些经验并不会无师自通地推广到亚琛守军这里。亚琛守军差不多都来自临时拼凑的部队,也就是在亚琛之战前几个星期组建的第246国民掷弹兵师。武装党卫军的装甲营虽然有着丰富的作战经验,但它兵力规模实在太小。更要命的是,德军从未集中足够的兵力去解亚琛之围。除两次较大规模反击外,德军对美军包围圈展开反击的兵力从未超过2个营规模,而在城内的反击行动通常不到1个营。而且这些攻击行动缺乏协同,常常是各自为战。另一方面,德军也没有足够的地雷和障碍物。此外,亚琛的地理位置也决定了作战形势。它坐落在一个四面环山的谷地里,在实力强大且决心坚决的进攻方面前,任何防御都是徒劳的。

尽管双方参战的主力均是步兵,但在没有坦克及时支援的情况下,双方都占不到便宜。M4"谢尔曼"坦克和M10型坦克歼击车提供了重要的重火力支援,能够击穿防御方藏身于后的砖墙。虽然在德军装甲兵和装甲掷弹兵面前不占优势,但美军车辆的装甲还是能够有效防御轻武器火力。在步兵的充分保护下,美军的装甲兵在城镇战斗中显示出很强的能力。

亚琛之战在接下来的很多年里都在影响着美军条令。部队指挥官们被告知要尽可能避免在城镇里组织进攻行动。虽然兵力不占优势,美军仍仅用9天就占领了亚琛,其中还有3天还用于部队调整和重组。与阿登战役和许特根森林战役相比,美军在亚琛的伤亡相对较小。亚琛之战展现了美军迅速适应战场和持续作战的能力。尽管兵力居于劣势,并且在敌国的城镇里和有着主场优势的敌军交战,美军还是取胜了。

参 考 文 献

[1] Bryan Perrett, Iron Fist: Classic Armoured Warfare Case Studies (London: Arms and Armour Press, 1995), 121.

[2] Christopher R. Gabel, "Knock'em All Down": The Reduction of Aachen, October 1944," in Block by Block: The Challenges of Urban Operations, ed. William G. Robertson (Fort Leavenworth, KS: U.S. Army Command and General Staff College Press, 2003), 72-73.

[3] Belton Y. Cooper, Death Traps: The Survival of an American Armored Division in World War II (Novato, CA: Presidio Press, 1998), 19-22. 该书介绍了美军装甲兵建设的一些短板。作者曾是一支装甲修理分队的指挥官,曾亲眼目睹战损的场景。遗憾的是,虽然M26"潘兴"坦克对标德军"豹"式坦克,但直到战争末期也只有少量列装,没有什么实战记录。有关M4"谢尔曼"坦

22　击碎谬论——城市作战中的坦克

克的详细历史,参见 Ian V. Hogg, Armour in Conflict: The Design and Tactics of Armored Fighting Vehicles (London: Jane's Publishing Company, 1980), 165-167; R. P. Hunnicutt, Sherman: History of the American Medium Battle Tank (Novato, CA: Presidio Press, 1978).

[4] Gabel, "Knock'em All Down", 65. Roman J. Jarymowycz, Tank Tactics: From Normandy to Lorraine (London: Lynne Rienner Publishers, 2001), 263.

[5] 同上, 66. H. R. Knickerbocker, Danger Forward: The Story of the First Division in World War II (Washington, DC: Society of the First Division, 1947), 279-280.

[6] Charles Whiting, Bloody Aachen (New York: PEI Books, Inc., 1976), 29-30. Elbridge Colby, The First Army in Europe, US Senate Document 91-25 (Washington, DC: US Government Printing Office, 1969), 105-106.

[7] Knickerbocker, 261.

[8] Heinz G. Guderian, From Normandy to the Ruhr: With the 116th Panzer Division in World War II (Beford, PA: The Aberjona Press, 2001), 130.

[9] Charles B. MacDonald, US Army in WWI: The Siegfried Line Campaign (Washington, DC: US Government Printing Office, 1984), 253-254. 诺曼底战役期间,第 30 步兵师曾两次被己方轰炸机误炸。霍布斯希望改用平行方式投弹以避免出现之前那样的误炸,但被否决了。亚琛战役期间,共有 360 架中型轰炸机和 72 架战斗机参战。

[10] Knickerbocker, 261.

[11] Irving Werstein, The Battle of Aachen (New York: Thomas Y. Crowell Company, 1962), 34-36.

[12] Guderian, 208.

[13] Werstein, 106.

[14] MacDonald, 276-279. Guderian, 209-210.

[15] MacDonald, 307-308. Gabel, "Knock'em All Down", 66-67, 82. Guderian, 133.

[16] Knickerbocker, 283. Gabel, "Knock'em All Down", 63.

[17] Guderian, 130. MaDonald, 308. Knickerbocker, 260; Gabel, "Knock'em All Down", 71. 位于亚琛的第 246 国民掷弹兵师编制为 7 个营,实有 3 个营,而且兵员多数为其他师在前期战斗中的失散人员。战斗发起前,亚琛的指挥官至少更换了 2 次。为了省事,维尔克被任命为指挥官,他在 10 月 12 日接手了这个倒霉的职务。

[18] Knickerbocker, 262. MacDonald, 307. Werstein, 114-116. 霍奇斯的最后通牒简单粗暴:要么投

第一章 街道上的谢尔曼坦克：亚琛，1944

降，要么与城市同归于尽。这一消息是用传单投进亚琛的。

[19] Knickerbocker, 262.

[20] Gabel, "Knock'em All Down", 67, 73. Whiting, 110-111.

[21] MacDonald, 309. Gabel, "Knock´em All Down", 68.

[22] MacDonald, 310. Knickerbocker, 263. Gabel, "Knock'em All Down".75. Whiting, 136-138.

[23] 同上，138.

[24] MacDonald, 312. Gabel, "Knock'em All Down", 77. Whiting, 138-139. 155mm 炮被称为"长脚汤姆"，发射95磅穿甲弹，初速为每秒2800英尺。

[25] Gabel, "Knock'em All Down", 77.

[26] Whiting, 143-146. 这次袭击摧毁了德军大部分通信设施，但非全部。维尔克仍能通过地线和无线电与外界联系。

[27] Knickerbocker, 263. Gabel, "Knock'em All Down", 80.

[28] Knickerbocker, 263. Guderian, 218. Whiting, 115. 林克的武装党卫营是从党卫军第1装甲师临时抽调而来，此刻正在准备在阿登的反击战。维尔克上校和林克少校之间发生了些矛盾，后者不愿接受一名国防军军官的指挥。作为一名在东线奋战过的武装党卫军成员，他认为他的部队应当接受党卫军系统的指挥。

[29] Gabel, "Knock'em All Down", 80.

[30] MacDonald, 313. Gabel, "Knock'em All Down", 78. 稍后，一门155毫米火炮被用于对付一名藏在教堂塔顶的狙击手。

[31] MacDonald, 314, Guderian 217, 220-221. 本来，武装党卫军已经成功驱逐了奎伦霍夫酒店附近的美军，但最后迫击炮和火炮的猛烈炮击挫败了这次反击。

[32] Knickerbocker, 264.

[33] 同上，264. Colby, 107.

[34] Guderian, 225-226. MacDonald, 315. Whiting, 155, 177-178. 林克命令本营幸存的40名官兵分散突围。只有少数人成功，包括林克本人。几周后，他晋升为党卫军高级突击队大队长（中校）并参加了阿登战役。林克活到了战争结束。

[35] MacDonald, 317; Gabel, "Knock'em All Down", 82-83.维尔克派出两名军官手持白旗走出了碉堡，但两人刚一露头就被美军击毙。第1106工兵营的尤尔特·帕吉特上士和詹姆斯·哈斯韦尔上等兵自告奋勇完成了这一使命。维尔克活到了战争结束。第246国民掷弹兵师后来被重

24　击碎谬论——城市作战中的坦克

建,并在波兰和捷克斯洛伐克迎来了战争结束。

[36] MacDonald, 317. Knickerbocker, 265.

[37] Gabel, "Knock´em All Down", 84.

第二章

铁甲救兵:越南顺化,1968

越南战争中季节性的春节攻势①始于1968年1月31日,是在越南古都顺化(Hue)发生的最惨烈、最艰苦的战斗之一。战役持续了四个星期,142名美国人丧生。在顺化的战斗中,美国海军陆战队的第1团和第5团与越南共和国(即南越)陆军(the Army of the Republic of Vietnam, ARVN)第1步兵师并肩作战,并得到美国陆军第1骑兵师(空中机动)一部的支援。在这次战斗中的装甲兵运用为在城市地形中使用坦克这一课题提供了相关的见解。

向越南部署坦克在某种程度上是偶然事件。在没有长期战略指导的情况下,美军部队在几年时间里被逐步派往越南。而军方决策人员通常不会检查这些部队的编制和装备表,因此有时会惊讶地发现某种装备抵达战区。当美国海军陆战队被派遣到南越守备机场时,决策者并没有意识到陆战队编成之内有坦克。因而在进入越南后,海军陆战队和美国陆军的装甲部队

---

① 春节攻势是1968年1月30日越南民主共和国人民军和越南南方民族解放阵线游击队联手,针对南越军队、美军及其盟军发动的大规模突然袭击,旨在摧毁南越境内各军民指挥体系枢纽。攻势因第一次进攻发生在春节而得名。在顺化战役中双方持续拉锯长达一个月。而在溪山战役中,美军和南越军队为保卫其溪山作战基地,持续战斗了两个月之久。春节攻势是越南战争中规模最大的地面行动。尽管此次攻势最终以人民军失败告终,但是也令本以为击败了北越的美国军政界及公众感到震惊,最终在促使美国主动发起和谈并最终自越南撤军上发挥了关键作用。——译者注

并没有针对反游击作战或大城市战斗中使用坦克的相关条令可循。彼时的装甲兵条令设想的是与苏联在欧洲开阔平原上的战争。海军陆战队装甲兵学说的原则是,使用坦克直接为步兵提供火力支援,并且在越南战争期间,几乎没有进行任何形式的城市作战训练。

而在美军装甲部队抵达越南后,他们及时适应了这种情况,美国陆军第11装甲骑兵团等部队执行搜索和扫荡任务,他们的机动性、防护力和重火力起到了决定性作用。然而,投入保卫道路和运输车队的战斗是分散在南越各地众多坦克部队的常态。南越发现了装甲部队的价值,并建立了他们自己的装甲部队[1](地图8,南越第1军区作战地域)。

地图8　1968年南越第1军区作战地域

第二章 铁甲救兵：越南顺化，1968

越战期间美军的主战坦克是 M48A3 "巴顿"坦克，配有 M41 型 90 毫米线膛炮。该坦克于 20 世纪 50 年代初研发，目的是在欧洲对抗苏联的威胁。作为一款适合平原作战的坦克，52 吨重的 M48 "巴顿"拥有先进的火控系统，包括立体测距仪、射程指示器和早期火控计算机系统，旨在远程打击目标。在越南，M48 坦克被证明能够在大多数地形上作战，并且通常做法是将装填手从炮塔中的战位转移到车体后部，使用机枪担负近距离防护任务。在越战中坦克之间的交战很少，M48 能够保护乘员免受轻武器、地雷和火箭筒伤害，例如常见的苏制 B-40。因此很少携带反坦克炮弹，主炮弹药大多数都是高爆弹、白磷弹和箭形榴霰弹（"蜂窝"人员杀伤弹）。M48 的弱点是其夜战能力有限。M48 必须依靠炮弹和迫击炮发射的照明弹或使用安装在主炮上方的大型氙气灯照明。后一种方法能有效地照亮了目标，但也会向敌人暴露坦克的位置。[2]

1968 年的顺化是南越第三大城市，拥有超过 16 万居民。位于非军事化区以南约 60 英里、海岸以西 6 英里地区。香江（Perfume River）将顺化一分为二，南岸的现代化城区和北岸的古建筑城区。顺化旧城墙里的区域称为顺化皇城（Citadel），大约有 3 平方千米的石质建筑和狭窄街道，三面环水。顺化皇城由阮朝嘉隆帝（Gia Linh）在 19 世纪初兴建，包含皇宫及规制严整的花园、公园、私人住宅和市场。护城河围绕着两道巨大城墙拱卫的旧城区。香江南岸是现代化的城市，包括大学、体育馆、政府行政大楼、医院、省级监狱和一些广播电台。顺化被尊为该国的文化中心，比前各方都没有在那里开战。因此，除了 1963 年的佛教徒起义之外，顺化与战争绝缘。但这种和平景像被突然且剧烈地打破了[3]（地图 9）。

顺化及其周边乡村的越南人计划在 1968 年 1 月下旬举行传统的春节庆祝活动。传统的 36 小时春节休战从 1 月 29 日开始，许多南越军队士兵和大多数政府官员正在休假或已离岗，与家人共度假期。1 月 30 日，鉴于大量敌人（北越军队）活动和违反停火的迹象，美国军事援助越南司令部（the US

28　击碎谬论——城市作战中的坦克

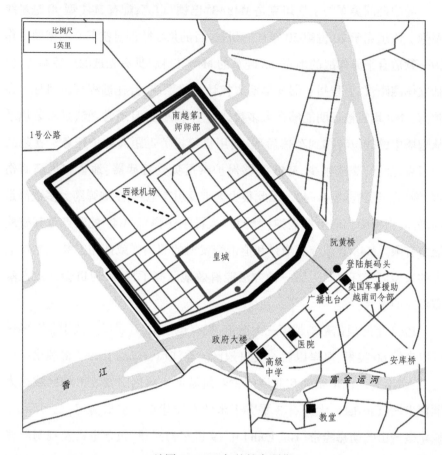

地图9　1968年的越南顺化

Military Assistance Command Vietnam, MACV) 和南越联合总参谋部判断敌情紧急,于1月30日正式终止停火。在南越第1军区,师部位于顺化的第1步兵师师长吴光长 (Ngo Quang Truong) 准将启动更高的安全级别,并提高了部队的战备等级。吴光长取消了假期,但其所部的大多数军人已经离岗,无法重返部队。在顺化仅有的南越部队是师参谋部、师部直属连、侦察连和一些保障单位。此外,还有吴光长的警卫部队——部署在顺化皇城的西禄 (Tay Loc) 机场的精锐黑豹连 (Black Panther Company)。[4]

对顺化的攻击

吴光长将军的预防措施影响了顺化的节日气氛,但并非毫无根据,越共确实准备在春节休战的掩护下发动大规模攻势。1月30日晚上,在北越人民军(NVA)的大力支援下,越共在整个南越范围发动了大规模进攻。他们袭击了所有主要城市,虽然大部分攻势都被击退,但越军却袭击了美国驻西贡(现胡志明市)和顺化的使领馆。

越共曾计划占领顺化,将其作为南方支持者的集结点。越共向人民军战役决策者提供了顺化的城防情报,包括军警部署和日常活动,以及反共分子、政府官员和外国人的身份和活动信息等。越南人民军将顺化划分为四个作战区,每个区域都有各自的主要目标、特殊任务和区域政治领导人。越南人民军收到了占领后三天的行动安排和处理不同类别俘虏的具体指示。重要俘虏应尽快后送,但如果无法送出则就地处决。[5]

越南人民军第4团和第6团是进攻顺化的主力。第6团的三个主要目标分别是芒差(Mang Ca)总部大院、西禄机场和皇宫,所有这些都位于皇城内。北越军第4团的目标是香江以南的新城区,包括省府大楼,监狱和美国军事援助越南司令部大院。该团的其他目标包括广播电台、警察局和国家博物馆、政府官员家属区和征兵办公室。为了实现突袭,一些突击队员和工兵伪装成农民渗透到顺化,他们的武器和制服藏在行李中,穿着便服。越共游击队和北越军人设法在春节庆祝活动前几个小时潜入到庆祝人群中,并占领指定位置。1月31日2点33分,身穿南越陆军军服的北越工兵四人小分队打死了卫兵,并打开了通往皇城的西大门。北越人民军第6团的先头部队随后攻进旧城区。在整个皇城范围,北越正规军和越共游击队使用火箭弹和迫击炮攻击顺化的新旧城区。奇袭取得了成果,北越军队迅速占领了

30　击碎谬论——城市作战中的坦克

香江南岸新城区的几座建筑物,并占领了包括皇宫在内的90%的皇城。越共绣着五角星的红蓝旗很快在皇城的高塔上飘扬。一旦占据城市,越共就要建立自己的政府,围捕已知的旧政府官员、同情者,以及包括美国平民和军人在内的外国人,显然,越共打算彻底拿下顺化[6](地图10)。

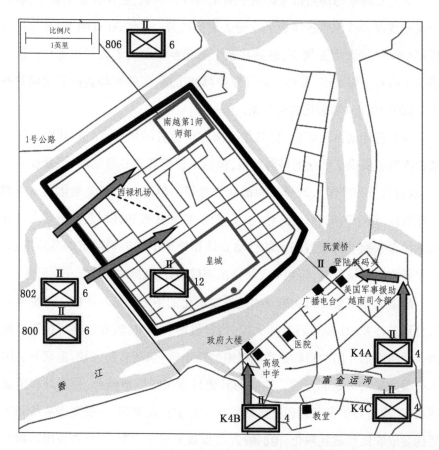

地图10　1968年1月31日越南人民军攻势

勉力坚守

吴光长将军的远见使他的司令部免于灭顶之灾。凌晨4点,黑豹连在西禄机场成功地顶住了北越人民军第6团的进攻。稍后,黑豹连在得到第1师师部200人的加强后,成功地重新夺回了医疗连的营地。最重要的是,南越第1步兵师的指挥和通信仍然完整。与此同时,在顺化城南,北越第4团的进攻使美国军事援助越南司令部陷入孤立,但经过反复争夺北越军队未能占领这里。除了上述两个小据点和登陆艇码头得以保留外,情况非常糟糕。然而,北越军队未能攻下这两个据点并切断河流交通,以至于后来南越和美国人能够调动增援并最终发起反攻。[7]

尽管美国和南越陆军的高级将领并不清楚态势,但他们还是在几小时内派遣部队来解救顺化守军。为这次行动,美国海军陆战队第1师派出了第1团,其中包括一个隶属于第3营的M48坦克排。吴光长将军命令他的第3团、第1空降特遣队以及装备轻型坦克和M113装甲运兵车的第7装甲骑兵团等部队前往顺化皇城。美军海军陆战队的M48坦克从富沛(Phu Bai)通过内河航道被运往顺化的登陆艇码头,登陆后向北转移到东河(Dong Ha)的海军陆战队第3师地域。增援部队设法突破了北越军队在城外的顽强抵抗,打到了美国军援越南司令部大院附近——虽然只是零散地赶到。美国海军陆战队于1月31日试图进入顺化皇城,却没能突破经过加固的北越军队阵地。虽然另外三个海军陆战队连,两个海军陆战队营直机关和一个海军陆战队团直部队在福斯特·拉休准将(绰号"霜冻",Foster "Frosty" C. LaHue)的指挥下抵达军援司令部,但情况依旧严峻。[8]

救援部队进抵顺化增援苦战中的守军,拉开了后续艰难战斗的序幕。最初的救援中,南越第3团的两个营沿香江北岸向东移动,而空降兵营和装甲骑兵连则试图进入皇城东北角的南越第1师总部大楼,南越第3团被强大火力击退,两个营被重重火力切断。南越第1步兵营在第二天摆脱困境,通过河上的机动船到达皇城。经过几天的战斗,南越第4营终于突破重围。与此同时,来自南越第7装甲骑兵团的一个连试图突破,但遭猛烈火力打击而受阻,其中包括北越军队的B-40火箭弹。南越第7装甲骑兵连依靠美国海军陆战队 M48 坦克的支援,才得以穿过安促(An Cnu)大桥进入新城区。朝着顺化南部的警察总部推进,南越军队试图解救被围困其中的警察。但北越军队的 B-40 火箭弹直接击中该连连长乘坐的坦克并将其击毙,南越第 7 装甲骑兵团只好退了下来。[9]

美国海军陆战队第 1 营 A 连刚接近该市的南郊,就遭到狙击手和 B-40 火箭弹的攻击。美国海军陆战队的队员从他们的卡车上跳下并扫荡了主要街道两侧房屋里的敌人,然后继续前行。车队越过安促大桥就又立即陷入了一场激烈交火,迫使他们再次下车。就在这时,一发 B-40 火箭弹击中了先头坦克,导致车长阵亡,前进受阻。唯一可用的增援部队是海军陆战队第 1 营的营部和第 5 营的 G 连。在马库斯·丁. 格拉韦尔(Marcus J. Gravel)中校的指挥下,这支混编部队于下午与 A 连会合。M48 坦克随时为海军陆战队员提供直接火力支援,卡车用于后送死伤人员。当海军陆战队控制住战场局面后,就会同少数幸存的南越第 7 装甲骑兵连的 M41"斗牛犬"(Walker Bulldog)轻型坦克,以坦克开道继续前进。作为守军的大救星,这支部队在 15 点左右抵达美国军援越南司令部大院。[10]

当陆战队特遣队的其余部队向皇城进攻时,A 连留下来重整并保护美国军援越南司令部大院。M48 坦克太重了,无法通过香江上的桥梁进入老城区,于是留守原地并提供直接火力支援。伴随进攻的南越陆军 M24"霞飞"坦克车组拒绝率先攻击这座桥,将这项危险的任务留给了海军陆战队的步兵。当海军陆战队分成小群开始过桥时,北越军队用自动武器和无后坐力炮火力猛烈地轰击桥梁及其周围地带。虽然陆战队有两个排成功过桥,但又被迫退了回来。参与此次进攻的海军陆战队员伤亡近三分之一。到当日 20 点左右,战斗暂时停止,双方开始巩固各自阵地并为次日战斗做好准备。[11]

在岘港的南越和美军高层研究了顺化周围的情况。南越第 1 军军长黄春览(Hoang Xuan Lam)少将和陆战队第 3 两栖作战部队(MAF)司令罗伯特·

库什曼(Robert Cushman)中将制定了部队作战目标,其初衷是好的,但却不了解实际情况。为了尊重越南民族情感,决定由南越军队负责收复皇城,而美军将继续清除香江以南城区的敌人并切断其与城西之敌的联系。为了避免旧城遭受巨大破坏,还决定不对皇城中的目标使用重型火炮或固定翼飞机轰炸。然而,顺化的真实情况远比这些高级军官们预料的要困难得多。[12]

2月1日,南越军队开始行动,从皇城内部清剿北越军队,并取得了一些成功。南越第2和第7伞兵营在装甲运兵车和黑豹连的支援下,成功地重新夺回了城墙内的西禄机场。到当日14时,南越第3师1营到达南越第1步兵师师部。然而,南越第3团的2营和3营仍无法突破北越军队的防线。[13]

2月2日7时,在坦克支援下,混编的美国海军陆战队第1营以两个连兵力发动了进攻。进攻方向是承天(Thua Thien)省政府大楼及其以西六个街区处的监狱,另有一项任务是严密保护登陆艇码头。北越人民军4团正在固守待命。进攻部队离开美国军援越南司令部大院后行进了还不到一个街区,就遭到了猛烈火力打击。其中一辆M48坦克被北越军队的57毫米无后坐力炮直接命中,造成坦克受损且乘员受伤,于是停止了进攻,美国海军陆战队撤回到美国军援越南司令部大院收拢集结。损坏的坦克很快被修复,车组乘员换上了步兵[14](地图11)。

在收到有关战况的最新动态后,拉休准将意识到顺化敌人的实力比原先估计的要强得多。为简化指挥链条,他让第1海军陆战队的斯坦利·S.休斯(Stanley S. Hughes)上校全权负责南部城区的部队。休斯随后向第1营的格拉韦尔承诺增援。到下午晚些时候,海军陆战队第5团第2营F连通过直升机抵达美国军援越南司令部大院。海军陆战队的CH-46直升机还将南越第4团第4营的大约一半兵力空运至距离最近能确保安全的皇城机场。所有这些增援都是在恶劣的天气条件下进行的,天气条件恶劣到几乎无法

34　击碎谬论——城市作战中的坦克

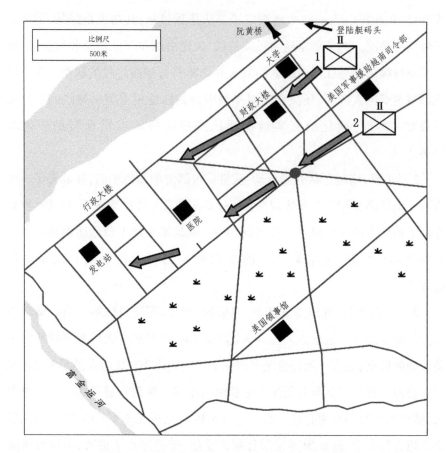

地图 11　1968 年 2 月 2 日至 10 日顺化南部战斗

开展空运。此外,北越军队试图用迫击炮和狙击手破坏直升机着陆。新抵达的 F 连受命救援海军陆战队防区内一处孤立的美国陆军信号中继站,但却没能靠近它。激烈的战事不知不觉持续到黄昏才终于停止。指挥官下令海军陆战队员固守他们的阵地,为次日战斗做好准备。[15]

反击

妨碍 2 月 1 日空运行动的天气条件在第二天进一步恶化。持续不断的

第二章 铁甲救兵:越南顺化,1968 35

毛毛雨,偶尔还会变成冰冷的大雨,气温下降到50多华氏度(约10摄氏度),这个温度在越南已经非常低了。低云层和低能见度不允许展开空中支援和空运,也无法遂行火力支援任务。虽然炮兵和海军火力支援都在射程范围,但是前进观察员很难在恶劣的天气中找到目标从而校正火力。尽管天气恶劣,海军陆战队仍在2月2日取得一些进展。在激烈的交火之后,他们解除了北越军队对信号中继站的围困并进入大学校园。由于无法通过空中进一步增援顺化,海军陆战队队员只能通过地面进行增援。为了完成这一任务,他们不得不同北越军队展开激烈交火。

美国陆军也正在向顺化开进,第1骑兵师第3旅从城西推进并建立阻击阵地以切断该城区中北越军队与外援的联系。两天之内,第12骑兵团第2营在高地建立了阵地,从而能很好地监视敌军进出顺化的主要路线。在那里第2营可以召唤炮兵阻止北越军队所有的昼间行动。第7骑兵团第5营在城西的敌军开进路线进行搜索行动。由于恶劣的天气条件和低云层,这些部队难以有效阻止北越军队通过该区域,北越军队仍可继续向顺化提供增援和补给。[16]

尽管北越工兵炸毁了顺化城西的铁路桥,但他们没有及时炸掉富金(Phu Cam)运河上的桥梁,这是一个代价高昂的错误。[17]美国海军陆战队第2营H连通过这个关键桥梁抵达美国军援越南司令部大院。2辆配备了四联装12.7毫米口径机枪的美国陆军M55式运输车——通常被海军陆战队称为"粉碎机"(Dusters)——用来护送车队。此外,还有2辆装有6门106毫米无后坐力火炮的M50"昂托斯"(Ontos)轻型自行火炮。[18]他们在靠近城市时遇到北越军队的顽强阻击,护送部队发挥猛烈火力优势确保车队安全地进入了大院。当天战斗结束时,海军陆战队(H连)2人阵亡,34人受伤,宣称毙敌140名。[19]

海军陆战队第5团的第1营和第2营的指挥官和参谋人员在2月3日都抵达指定位置。根据命令,另一支部队还对附近的北越军队阵地发动了进攻,这次进攻部队由得到坦克支援的两个连队组成,还有一个连作为预备队。每个连的进攻正面约为一个街区的宽度,却没有足够的步兵来完成作战任务。轻武器和陆战队的 M72 火箭筒打不穿这里的建筑物。这次进攻很快就停止了,但夺回的前沿阵地被守住了。在东面,海军陆战队第 1 团 A 连占领了一个废弃的南越警察局,缴获了一批轻武器。该部队遵守 1954 年《日内瓦协定》的规定绕过了国际管制委员会(ICC)大楼。[20]

第二天早上,战斗重新打响,海军陆战队努力继续推进并清剿城中的北越士兵。对顽敌的战斗逐楼逐屋地进行。北越军队则藏身于屋檐和天花板中,并利用每个可利用的缝隙进行顽抗。北越士兵凭借教堂负隅顽抗,迫使一名陆战队指挥官非常不情愿地下令摧毁该建筑。随着顺化之战的战况愈加惨烈和伤亡愈加惨重,美军也几乎不再顾忌附带伤害了。[21]

随着顺化战役的发展,可以看到战斗性质的明显转变。在越南的丛林中,越共游击队和北越军队通常采用"打了就跑"的战术,在伏击后化整为零。通常情况下,海军陆战队在整个战斗过程无法清楚地看到敌人。但在顺化,情况不同了。那里的北越军队死守城区,没有任何撤退的迹象。许多海军陆战队员热情高涨,抓住机会尽可能多地消灭敌人。[22]

这些年轻的美国士兵尽管受过在越南丛林中作战的训练,现在又得开始适应城市的复杂地形。海军陆战队最初使用烟雾弹来掩盖他们的行动,但是北越军队只是用自动武器扫射来封锁街道。海军陆战队学得很快,迅速改变战术,先用烟雾弹诱使敌人开火,然后用坦克或"昂托斯"自行无后坐力炮轰击目标,之后步兵利用装甲车辆以及烟雾和炮弹爆炸产生的灰尘为掩护,迅速穿过开阔地带。此外,海军陆战队创新性地使用炸药或 106 毫米无后坐力炮来开墙,以使陆战队员能够穿行。在一次战斗中,海军陆战队员在一栋楼里组装了无后坐力炮,进攻特别顽固的北越军队阵地。为了避免致命的炮口冲击波超压,海军陆战队使用一条长长的拉火绳拴住扳机,在屋外击发射击。幸好他们想到了这种方法,因为无坐力炮开火后楼就塌了。

无后坐力炮摧毁了目标,且从废墟中挖出来还可以接着用。迫击炮也广泛用于支援步兵轰击建筑物,并可以摧毁直射武器无法打击的目标。[23]

这些战术被证明是行之有效的,但是也不是万能的。在争夺财政大楼的战斗中,坦克、无后坐力炮和迫击炮射击都根本奈何不了厚厚的砖墙和铁门。美军再一次随机应变。为了打破僵局,海军陆战队搜集了一些E8火箭发射器,从美国军援越南司令部大院中发射CS催泪瓦斯。这些E8火箭发射器可以将35毫米的CS催泪瓦斯榴弹打出250米之远。几分钟之内,浓浓的催泪瓦斯弥漫了整幢财政大楼。F连的海军陆战队员戴上M17防毒面具,在迫击炮和机枪的掩护下攻进大楼,残余的北越军队不得不撤离。[24]

M48坦克补充到陆战队的装备序列中是很受欢迎的,但它们在顺化城区受到很大的限制。顺化街道非常狭窄,B-40火箭可能会经常神出鬼没地从某处袭来。M48坦克饱受北越军队各型武器,包括轻武器、迫击炮和火箭的攻击。据报道,其中一辆M48坦克被火箭弹命中达120次之多,并至少更换了6名乘员。每次坦克都被修复,并在几小时内重新上阵。令人意想不到地是,相比中型坦克,陆战队更青睐M50"昂托斯"自行火炮。106毫米无后坐力炮是一种有效的武器,步兵对它非常熟悉。M50"昂托斯"自行火炮相对比较薄的装甲只能抵御北越军队的轻武器,但它小巧的车体允许其在任何街道上行驶。[25]

为适应城市作战,陆战队还必须改变他们的指挥和控制流程。对于城市作战来说,标准的1∶50000比例尺地图的精度和细节已经不够了。当地政府制作的地图描绘了所有主要建筑物,并在地图中为其分配了一个特定的数字编号。陆战队只是简单地在这种地图上建立一套与建筑物编号系统相对应的控制系统,采购并向部队指挥官分发了少量地图。这套系统有一个严重的缺点,即炮兵标绘目标仍要使用1∶50000的战术地图。因此,需要特别小心避免误伤。由于恶劣的天气影响了大多数炮兵目标的获取,这种麻烦在战斗中并不明显。紧急下发的1∶2500地图在一定程度上缓解了使用地图的窘况,但是这种地图只够发给营部参谋人员以及每连一套。[26]

当陆战队还在新城区缓慢地适应城市作战时,在皇城地区的南越军队停止了进攻。虽然城市的东北角和机场是安全的,但是南越陆军第1营和第4营在距他们当天进攻目标一半左右的位置停了下了。另一次挫折是北越的工兵摧毁了香江上的阮黄桥(Nguyen Hoang)和富金运河上的安促桥。这就将通往城南地区的陆路通道都切断了。现在补给和后勤物资只能通过空运或登陆艇码头送达。由于天气恶劣空运不畅,登陆艇码头就更具有重要意义,由于航道狭窄且邻近北越军队阵地,这条交通线路非常不稳定。幸运的是,陆战队在桥被炸毁前就把大量物资运过来了。[27]

陆战队的两个营在接下来的几天里继续着激烈的战斗。陆战队继续使用M48坦克和M50"昂托斯"自行火炮作为支援,成功占领了医院和监狱。陆战队员掌握了新的战术,即从建筑物顶部进入然后逐次向下进攻,并尽可能使用这种战术。作战中,CS催泪瓦斯的大量使用,迫使陆战队员戴上M17防毒面具,这极大地限制了人的外围视觉和距离判断。正是通过上述这种对所有武器的物尽其用以及战术上的随机应变,美国人才得以确保实现他们的作战目标。[28]

在顺化皇城,吴光长将军调整了部队的部署位置。他调整了南越陆军第4营的任务,并一度解放出了三个伞兵营。南越第4营被派去保护机场并向前推进到西南城墙。南越陆军第1营成功地夺回了位于皇城西北角的安和门(An Hao Gate)。南越陆军第3团所属的其余3个营的都努力清剿肃清顺化皇城内的北越军队并前进至东南城墙。战斗很激烈,但南越军队的进攻还是有些缓慢进展。[29]

2月6日,陆战队占领了顺化新城区的省政府大楼,这是顺化战役中的一个重要节点。陆战队H连发射了超过100发迫击炮弹和大量其他大威力弹药,压制住了顽强的守敌。两辆M48坦克支援了这次进攻,其中一辆坦克多次被B-40火箭弹击中,但仍继续开火。省府大楼对双方都具有重要的象征意义。陆战队员不失时机地放大了这一画面。在攻占大楼后,两名海军陆战队员立即冲向旗杆升起美国国旗。由于没有同时升起南越国旗,这一行为直接违反了相关协议,但没有陆战队员注意这点。事实证明,省政府大楼不仅仅是胜利的象征,同时也曾被北越人民军第4团作为指挥所,而随着攻陷省政府大楼,新城区的战斗强度明显减弱了。[30]

战斗还远未结束。在夜幕和恶劣天气的掩护下,北越军队得以渗透过美军第1骑兵师的封锁线,大批增援部队进入顺化皇城。2月6日夜至翌日凌晨,北越军队向南越陆军第4团2营疯狂进攻,重创了南越军队并迫使其退回机场。南越陆军陷入困局时,趁着天气难得好转,南越空军紧急轰炸了旧城区的北越军队目标。随后,吴光长将南越第3团的三个营重新部署到美国军援越南司令部大院,并使用摩托艇将部队转移到皇城北部。这样一来,在2月7日,顺化皇城内的南越军队共计有:两个装甲骑兵连、南越陆军第3团、四个伞兵营、南越陆军第4团的一个营、黑豹连和南越陆军第1团的一个连。然而,这些部队只装备了较为落后的步兵武器且伤亡惨重。而他们所面对的北越军队是一个强劲的对手且仍控制着皇城的一大半。接下来的几天,南越军队只取得了些许进展,唯一的好消息是黑豹连成功重新夺回了机场。[31]

第二天,吴光长又修改了他的作战计划。南越海军陆战特遣队先头部队的到达,使他能制定计划救出被围的伞兵部队,将其重新部署并加入西贡周围的战斗中。不幸的是,天气恶劣限制了直升机的出动,使南越海军陆战队延误了三天。鉴于兵力火力枯竭,吴光长随后要求美国海军陆战队一个营参加顺化皇城的战斗。[32]

顺化皇城之战

美国海军陆战队成功地在2月10日之前巩固了顺化的南部城区。这半边城区的战事刚一平息,海军陆战队就将重点放在支援南越军队进攻皇城的苦战。战斗任务非常艰巨,因为通往皇城的大部分桥梁都被摧毁了。新抵达的海军陆战队第5团第1营被派往皇城东北角进行作战。截至2月11日中午,海军陆战队使用CH-46直升机强行降落到皇城机场。A连配属五辆海军陆战队第1坦克营的M48坦克,乘坐登陆艇从城南进入皇城。这些陆战队解救了南越军队的伞兵特遣队,这些南越残军很快就撤离了城区。两门4.2英寸重型迫击炮和一个105毫米榴弹炮连抵近城区部署,为即将到来的战斗提供间瞄火力支援。[33]

南越和美国军队数量的增加并没有让北越军队撤退,北越军队反而疯狂地派遣增援部队,并发动凶猛进攻以求占领顺化。2月11日至25日展开的残酷的顺化皇城之战,是以城市作战中惨烈和血腥的巷战为特点。这仍是一场逐街逐巷、逐楼逐屋的苦战。这时已经完全没人想限制附带伤害了,重炮和海军炮火都被用来支援地面作战。

2月13日上午,美国海军陆战队采用与前几周相同的战术开始进攻并肃清他们负责区域内的敌人。两个连攻击前进并扫荡每栋大楼,另一个连作为预备队待命。坦克和"昂托斯"自行火炮作为直接火力支援。海军陆战队并不知道南越军队的伞兵已撤离,他们发现自己面对着大批北越士兵。由坦克开路,美军向前开进,然而甚至没有抵达他们的进攻出发线。北越军队沿旧城墙开挖了网状散兵坑群,并在能够控制通路的位置占领阵地。他们使用自动武器、手榴弹、B-40火箭弹和迫击炮阻击海军陆战队。当天最好的消息是美军在香江上成功架设一座浮桥以取代受损的安促桥,食物和物资得以运往旧城区[34](地图12)。

第二天,即2月14日,陆战队员在进攻之前,通过炮兵和海军火力支援形成逐渐延伸的弹幕,从而削弱北越守军。然而,火炮相对平直的弹道限制了炮火在城市环境中的有效性。下午,天气突然出现好转,F-4"鬼怪"式和F-8"十字军战士"式战斗轰炸机能够遂行作战支援,但整体效果很有限。陆

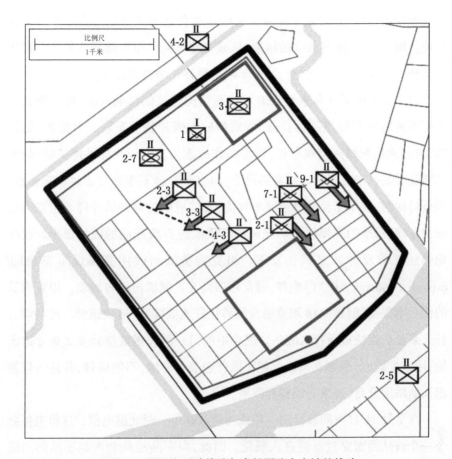

地图 12　美国海军陆战队与南越军队在皇城的战斗

战队的进攻再次在北越守军阵地并不强大的火力下停滞不前。南越军队在老城区东南方向的战况并没有好转。事实上,北越军队的反击竟将南越第3团第1营分割包围,又用了两天的艰苦战斗才解救出这支部队。[35]

2月15日,海军陆战队在其责任区内沿着墙壁攻占一座塔,总算取得了一些进展。趁着天气允许的间隙,通过A-4战斗轰炸机支援,美军在经过白刃肉搏并付出重大伤亡后占领了这座塔。该营第二天继续向前推进,攻克了更多的建筑物。人们普遍认为,在皇城作战的北越军队表现得更好,他们采用了比香江南部新城区北越守军更复杂的战术。皇城中的北越守军挖掘了战壕和散兵坑,并设置了路障。北越守军会毫不犹豫地反击以夺回关键阵地。随着2月16日战斗的结束,皇城东北方向的海军陆战队员停下来休息整补。所有人都需要休整,装甲车辆需要补充油料和弹药。[36]

由于恶劣的天气和重型火炮对砖石结构建筑的影响有限,海军陆战队不得不依靠他们的建制内兵器,特别是迫击炮和装甲车辆。坦克和"昂托斯"自行火炮配属到排级单位,以提高作战能力。当步兵提供掩护时,装甲车辆按需要打击点目标。通常情况下,坦克车长会下车并与步兵一起侦察。接近目标时,装甲车辆将迅速倒车找掩护,陆战队员则向前冲锋。坦克乘员很快发现,标准的高爆弹对旧城区的石质或砖石墙造成的破坏很小。这些炮弹经常被反弹回来误伤友军。坦克乘员转而改用高爆反坦克(high explosive antitank,HEAT)炮弹,通常用四到五发就能击穿古城墙。坦克乘员的伤亡率很高,但是M48坦克通常能够很好地抵御B-40火箭弹。这些坦克补充乘员后很快重新投入战斗。战斗中的另一种关键武器是4.2英寸迫击炮,用它发射CS催泪瓦斯。北越军队普遍装备简陋,不能应付,并且一旦催泪瓦斯浓度升高,通常只能放弃阵地。[37]

在2月16日夜间取得的一项成功是截获了一封北越电报。这份电报命令一个营从西面穿过运河进入顺化。因此,海军陆战队和南越军队的间瞄火器集中火力于该方向。后来截获的电报显示,这轮火力打击中,北越军一名高级军官阵亡,很可能是将军,还有许多北越士兵阵亡或受伤。继任指挥官要求撤退的请求被驳回,新的指挥官只能继续指挥战斗。这一事件和其他迹象证实,北越军队是利用夜幕增援顺化。为了收紧包围,第101空降师第1旅被部署在顺化西面方向,协同加强第1骑兵师。在接下来的一周,这些部队更靠近顺化城区,并在削弱北越军队交通线方面取得了更大的成功。[38]

吴光长在他的指挥所拟定了顺化皇城最后一战的作战计划。南越海军陆战队特遣部队现有三个营,他们向前推进并肃清皇城西南方向之敌。南越陆军第3团的任务是穿过城市中心向南边的皇宫方向攻击。美国海军陆战队第5团第1营将继续在旧城区的东南部地区展开作战,几天前他们已经在登陆艇码头附近登陆。这部分的海军陆战队在抵达后相对不那么活跃,因为他们正在经历粮食和弹药短缺。由于敌人炮火击毁了一辆登陆艇,坦克和"昂托斯"的炮弹严重短缺。[39]

2月21日上午,随着海军陆战队第5团第1营再次突击,暂停的进攻又继续重启。但这次作战使用的战术有所不同。在一次少见的进攻行动中,3个十人小队对一座关键的两层楼房和另外两座北越阵地侧翼的建筑物发起夜袭。令人意外的是,他们几乎没有遭遇抵抗就占领了上述建筑物。当清晨来临时,毫不知情的北越士兵前来换防,美国人的自动武器狠狠地招待了他们。与此同时,第1营的其余部队向前冲击占领了这些建筑物。震惊的北越军队回到了他们的后备阵地,并以他们常见的坚韧精神守备现有阵地。美国人不知道的是,在北越军队反击期间,北越的一些高级军官和政治领导人趁机从顺化转移出去。这标志着顺化战役行将落幕。[40]

2月22日黎明时分,东南方向的海军陆战队第3营向前推进。令他们惊讶的是,他们只遭到狙击手或迫击炮的零星反击,敌人似乎凭空已经消失了。步兵向南部城墙推进,并悬挂美国国旗,然后前往南门。装甲车辆像之前一样提供直接火力支援,并覆盖已知的和疑似的北越军队阵地射击。南越军队则没有那么轻松,在他们的任务区仍然遇到了激烈的抵抗。当天晚上,所有美国和南越军队都转入防守,准备第二天的战斗[41](地图13)。

第二天早上,海军陆战队第5团的第1营已经巩固了其在旧城东南角的战果,这将是它的最后一次重大行动。陆战队曾希望参与攻占皇宫,但为了给南越方面保留民族尊严,这项任务最终留给了南越军队。当然,在这个过程中美国海军陆战队的装甲车辆还要提供直接火力支援。第1营主力由南越军队接替,并转移到城区北部加入2营,共同保证该地区的安全。那天晚上,北越军队最后的反击被击退,南越陆军第3团发动了一次突然的夜袭,彻底打垮了敌人。2月24日上午,南越部队没有放松,成功夺取了皇城的塔

44　击碎谬论——城市作战中的坦克

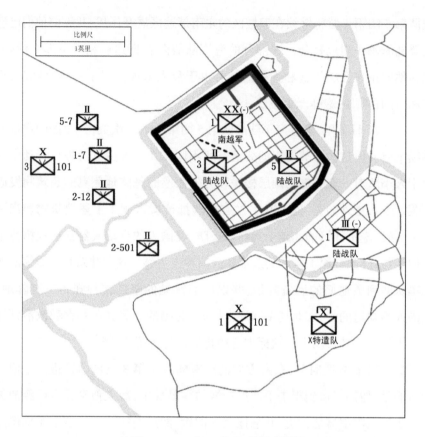

地图 13　1968 年 2 月 24 日战术部署

楼。在那里,南越国旗终于取代了越共旗帜。黑豹连继续进攻并在下午晚些时候收复了皇宫。到了 2 月 25 日凌晨,南越第 4 海军陆战队夺取旧城西南角的最后一个北越军队支撑点。除了在城外还要进行一周的扫荡作战外,顺化战役结束了。[42]

反思

重新夺回顺化是一场特别激烈的战役,涉及逐屋逐巷的战斗和大量伤亡,大约80%的城区遭到破坏,超过110000人无家可归,共有大约5000名平民丧生。美国援助机构帮助南越当局恢复顺化秩序并制止了大规模的抢劫现象。[43]

作战人员的损失也很高。北越和越共军队至少有2000~5000人阵亡。南越军队阵亡300多人,约2000人受伤。在切断城区西部的北越部队的战斗中,第1骑兵师(空中机动)有68人战死,453人受伤,第101空降师则报告有6人死亡,56人受伤。在顺化战斗的3个美国海军陆战队营总计阵亡142人,近1100人受伤,作战部队军官的损失极大。许多连队只能由中尉指挥,班则由下士指挥。美(南)越联军的阵亡总数超过600人,受伤人数约为3600人。[44]

装甲部队是顺化战役来之不易的胜利的关键因素。坦克既有传统的火力和机动性,又提供了足够的装甲防护,保证他们的乘员不受大部分武器的伤害。特别是M48坦克能够承受大量的攻击并继续战斗。这种强大的容损能力使得M48坦克能够在临时修理和人员轮替情况下自始至终参加战斗。更重要的是,M48坦克的火控、装填以及驾驶都非常简单。在没有坦克乘员可替换的情况下,没有经验的人员也可以驾驶坦克战斗。

较轻的M50"昂托斯"自行火炮没有足够的装甲,很容易受到敌人的攻击。B-40火箭弹很容易击毁它并造成乘员伤亡。其中,炮手和装填手除了前面的车体外没有任何装甲保护。因此,只有在与随行步兵密切配合使用时,它们才能发挥作用。好在标准的海军陆战队员都熟悉106毫米无后坐力炮,而小型的"昂托斯"自行火炮方便在狭窄街道上行驶,因此这种车辆需求量很大。

在顺化狭窄的街道,尤其是顺化皇城中,战斗车辆装甲防护的重要性是显而易见的,坦克和"昂托斯"自行火炮的机动性和精确瞄准能力都受到了限制。连幢的厚壁房屋与狭窄的街道相连,这是坦克的噩梦,B-40火箭弹可以不受限制地从各个角度射击。在这样的环境中,海军陆战队的步兵们无法一直保护所有车辆,受到打击是不可避免的。这些装甲车辆能够承受重创并继续战斗至关重要。

在组织程序上,在顺化战役中使用坦克从本质上是临时性的,因为美国海军陆战队和南越部队都没有实际的城市作战经验。坦克乘员和随行的步兵共同学习。装甲车辆主要作用是支援步兵,但有时它也可以进行有限的推进,前提是海军陆战队员蹲在坦克身后。装甲车辆的补给和维修则是通过将车辆撤到后方,且没有任何预定的时间表或计划。同时重要的一点是,战斗基本都在白天进行,因为在越战的年代里美国军队很少进行夜战;M48坦克有一个简易夜视装置,而"昂托斯"自行火炮干脆没有。对于步兵来说,少数可用的夜视器材笨重而不灵活,电池的续航时间短。虽然可以通过火炮、迫击炮、炮艇机和武装直升机提供照明,但这种照明非常依赖于天气,而在顺化战役期间天气普遍较差。

虽然是一场漫长而痛苦的战斗,但顺化战役表明,即便是在城市地形中,装甲部队也能够在猛烈火力打击下运动,并且向敌方投射更强的火力。

参 考 文 献

[1] Donn A. Starry, Armored Combat in Vietnam (New York: Arno Press, 1980), 54-55, 66-77, 115. Bryan Perret, Iron Fist: Classic Armoured Warfare Case Studies (London: Arms and Armour Press, 1995), 189-190, 191. R. P. Hunnicutt, Patton: A History of the American Main Battle Tank (Novato, CA: Presidio Press, 1984), 373, 381. 南越的装甲骑兵团装备了 M113 装甲运兵车、M24 和 M41 轻型坦克。

[2] Perret, 189-190. Hunnicutt, 225. B-40 火箭弹是苏制 RPG-2 的一种仿制型号,以准头欠佳著

第二章 铁甲救兵：越南顺化,1968   47

称——要么是由于操作不当,要么因为武器本身问题。平均每七次射击才能有一发命中预定目标。它可以射穿 7 英寸以上的装甲,但需要以接近 90 度的角度击中平坦的表面才能引爆,M48 坦克的倾斜侧面使得成功引爆战斗部非常困难。B-40 火箭弹的射程估计有 150 米,但在顺化的街道上则远远没有这么远。

[3] Keith W. Nolan, Battle for Hue：Tet, 1968 (Novato, CA：Presidio Press, 1983), xii-xiii, 3-4. 香江也被称为香莲江。

[4] Eric M. Hammel, Fire in the Streets：The Battle for Hue, Tet 1968 (Chicago, IL：Contemporary Books, 1990), 7-8, 11, 16, 22. Nolan, 3-4, 121. William C. Westmoreland, A Soldier Reports (New York：Da Capo Press, 1976), 310-311. 吴光长准将是当时美越联军中唯一的高级战地指挥官,"春节攻势"发起就前,他就在顺化地区布置防御。很多人认为他是南越军队中最优秀的高级战地指挥官之一。春节假期是越南人最重要的节日,春节假期大致相当于西方的圣诞节、独立日和劳动节的合体。

[5] Don Oberdorfer, Tet！(Garden City, NY：Doubleday & Company, Inc., 1971), 121. 此文献主要记录了数千南越人在战斗中遭受的痛苦和死亡。奥贝道费先生作为《华盛顿邮报》的记者经历了战斗。

[6] Nolan, 9-10. Hammel, 29-31, 37-40, 43, 131.

[7] 许多登陆艇(LCU)原本是第二次世界大战时期的坦克登陆艇(LCT),它们被翻修后又在越南服役,作为保障美国海军的后勤运输平台。美军撤离越南之际,大多数登陆艇被丢弃,但可能还有一两艘存世。

[8] Hammel, 93-94. 拉休准将刚刚于 1 月 13 日在富沛开设了指挥所,几乎没有时间熟悉他的新作战区。

[9] Hammel, 93. Perret, 189. 南越部队配备了 M24"霞飞"和 M41"斗牛犬"轻型坦克,以及 M113 装甲运兵车。南越军队当时的标准步兵武器是第二次世界大战时期的 M1"加兰德"步枪。

[10] Hammel, 63, 96-98, 160. Nolan, 18-19.

[11] Hammel, 83. Nolan, 19-20.

[12] Nolan, 21, 46.44.

[13] 同上, 27-29.

[14] Hammel, 104-106.

[15] Hammel, 59, 113. Nolan, 31. 恶劣的天气将持续三个星期。

[16] Hammel, 190-193, 308-310. Nolan, 28. Westmoreland, 329. 驻越南美军司令威廉·威斯特摩兰将军此时正在制定一项宏大的计划，加强南越第1军并筹备旨在孤立顺化、西贡和溪山之北越军队的机动作战。"春节攻势"的大部分战斗在2月11日结束，但是在顺化又持续了将近两周。

[17] Hammel, 48, 77. Nolan, 29. 北越军队高级战地指挥官坦率地承认，造成最终失败的原因是北越第4团没能守住南部城区，也没有挡住敌方对美国军事援助越南司令部以及皇城的南越第1师师部的增援。

[18] Hammel, 141. "昂托斯"自行火炮有许多缺点，无后座力炮安装在车体外，这就使得乘员操炮时暴露在外。其装甲无法抵挡大多数口径的子弹，发动机采用易挥发的汽油做燃料。

[19] 同上，85-87，116. 这些武装运输车队通常被称为长途车队。车队中的武装卡车并非全都是绰号"粉碎机"的陆军M42双联装40毫米自行高炮。海军陆战队用这个名字泛指M55和M42自行高炮。有关运输车队在越南的参战情况，请参阅Richard E. Killblane, Circle the Wagons: The History of US Army Convoy Security (Fort Leavenworth, KS: Combat Studies Institute Press, 2005).

[20] Hammel, 147-149. Nolan, 44.

[21] Hammel, 139.

[22] Nolan, 56-57, 88. 能够反映美军士气高昂、奋勇杀敌的例子就是，几乎所有海军陆战队的伤员都表示要归队上阵。

[23] Hammel, 264, 301. Nolan, 38, 141.

[24] Hammel, 135-136. Nolan, 51.

[25] Starry, 116. Hammel, 152, 301. Nolan, 108, 141. 上述文献记载有喷火坦克出现在顺化，不过没有加注喷火燃料。没有其他证据证实这一点。

[26] 每个营发了三套地图，指挥官和参谋人员共用一套，每个连队一套。这些地图是陆军制图局绘制的。

[27] Hammel, 187, 239. Nolan, 38. 海军陆战队称阮黄桥为"银桥"，因为它被刷成金属银色。

[28] Nolan, 43.

[29] Hammel, 190.

[30] Hammel, 236-237, 251. Nolan, 74-77, 81. 哥伦比亚广播公司的一个新闻摄制组记录了这一场景，并将其比作第二次世界大战中硫磺岛上升旗的情景。

[31] Hammel, 254-255, 261, 302. 联军情报部门最初认为在顺化地区作战的是北越军队第4、第5、第6团。后来证实了还有第29、第90和第803团。情报估计北越军队大约18个营在该市及

周边地区作战,不包括越共游击队,这意味着有 8000 至 11000 名士兵。

[32] Hammel, 190-191, 261-263. Nolan, 118-119, 122-123. 南越陆军的装甲骑兵部队也遭受了严重损失。在短时间内,12 辆 M113 装甲输送车中有 8 辆损失,部队的士气低落。M113 装甲输送车可能被用作 12.7 毫米机枪的机动平台,但其薄弱的装甲无法抵挡 B-40 火箭弹。

[33] Hammel, 220-221, 262, 275. 海军陆战队炮兵最初在皇城以南占领阵地,在这里炮击皇城变成了一件危险的事。由于采用人工观测法,时常出现远弹,炮弹会落在友军阵地上。转移炮阵地并压缩开火距离则可以消除这种危险。

[34] Hammel, 270.

[35] Hammel, 271-273. Nolan, 140-141.

[36] Hammel, 281.

[37] Nolan, 51, 90. 一些北越的军官和士官配有防毒面具,但是普通战士没有。催泪瓦斯能够有力打击北越军队的士气。

[38] Hammel, 295. Nolan, 137.

[39] Nolan, 122-123, 146, 149, 157.

[40] Wilbur H. Morrison, The Elephant and the Tiger: The Full Story of the Vietnam War (New York: Hippocrene Books, 1990), 396.

[41] Hammel, 304. Nolan, 171. 北越军队开始从顺化撤退,但是留下不少兵力殿后。

[42] Hammel, 336, 340, 347. Nolan, 175.

[43] Hammel, 283, 354. Nolan, 101-102, 183-185. Oberdorfer, 230-233.

[44] Nolan, 184. 获得国家最高荣誉的人数也反映出了战斗的残酷性。海军陆战队阿尔弗雷多·冈萨雷斯中士因在顺化的英勇行为被授予荣誉勋章。该勋章还颁发给了陆军方面为切断北越军队交通线而战的弗雷德里克·E·弗格森准尉、克利福德·切斯特·西姆斯上士(追授)以及乔·罗尼·胡珀上士。

第三章

撼动卡斯巴:贝鲁特,1984

在1948年阿以战争之后,黎巴嫩境内涌入了超过11万巴勒斯坦难民。巴勒斯坦抵抗组织中最著名的巴勒斯坦解放组织(巴解组织),从设在黎巴嫩南部的基地发动对以色列北部的袭击,并用火炮和"喀秋莎"火箭炮轰击以色列城镇。1971年至1973年的约旦内战使局势进一步恶化,那时,有大量巴勒斯坦战士和难民逃往黎巴嫩。到1975年,在黎巴嫩的巴勒斯坦难民总数已经超过30万,基本上成为了国中之国。作为对敌方频繁袭击的回应,以色列在其北部边境轰炸敌军营地,发动袭击驱散敌军。虽然联合国和美国经常就双边停火从中斡旋,但双方很少能就控制局势达到一致,仍不时发生致命性袭击。[1]

黎巴嫩的局势多年来持续恶化,因为巴解组织在人数上得到加强,建立了更多的训练营,并逐步扩大对以色列北部的袭击。到1982年,在黎巴嫩的巴解组织武装人员数量已达15000人左右,虽然只有6000人在黎巴嫩南部部署。这些部队装备了60辆老旧的坦克(其中许多已经丧失了机动能力),以及大约250门火炮。无论巴解组织在常规战争中受到何种限制,以色列始终认为巴解组织是对其北部地区的一个潜在威胁,是黎巴嫩政治生态中一股破坏稳定的力量。巴解组织的基地也被认为是国际恐怖主义的中转站。随着暴力升级,以色列的忍耐更是达到了极限。[2]

1982年上半年,巴解组织对以色列国内外目标的袭击进一步扩大。这些事件在一定程度上引起了以色列的不满,最常用的反击形式就是轰炸巴解组织的营地。以色列政府在国内受到越来越大的压力,要求结束这种袭击行动和无效反击的死循环。以色列国防军(IDF)曾四次在其与黎巴嫩接壤的北部边境集结入侵部队,但每次都放弃了地面打击行动。1982年6月3日巴解组织企图暗杀以色列驻英国大使,以色列终于忍耐不住了。以色列内阁很快召开会议,批准向黎巴嫩派遣地面部队。[3]

这次被称为"加利利和平"行动的进攻计划是向黎巴嫩境内40千米(25英里)范围内展开有限进攻,直到接近贝鲁特。其目标就是将巴解组织赶出黎巴嫩南部,并建立一个足以使以色列北部脱离火炮和火箭弹射程的安全区;不过,以色列国防部长阿里埃勒·沙龙(Ariel Sharon)和以色列国防军参谋长拉斐尔·埃坦(Rafael·Eitan)另有其他计划。他们期望迫使巴解组织的武装力量从黎巴嫩完全撤出。他们希望消除巴解组织对黎巴嫩的军事、政治和经济的控制。沙龙和埃坦还计划建立一个友好的黎巴嫩政府,并加强黎巴嫩军队建设,以便维持黎巴嫩南部的安全。预计叙利亚军队将积极支持巴解组织,但以色列和叙利亚似乎都决心要杜绝黎巴嫩境内的任何直接武装冲突,并且避免一场全面战争。沙龙和埃坦制定了雄心勃勃的时间表,设想在96小时内抵达贝鲁特。以色列内阁的几名成员对这种升级行动提出怀疑,表示密切关注此项行动,并且对此项行动获得批准保留意见[4](地图14)。

以色列国防军

这场战争对以色列国防军来说是将是一次挑战,最为直接的挑战是他们的作战理论和历史传统。在过去的战争中,以军主要在沙漠地形和开阔

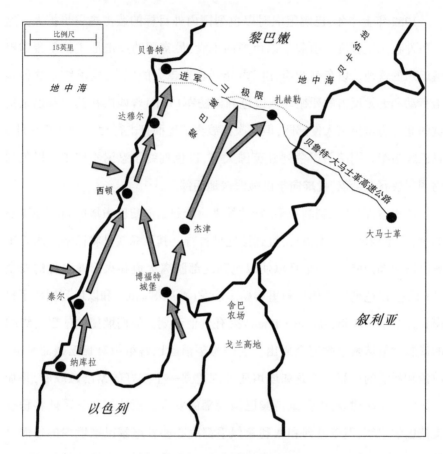

地图 14　以色列作战计划

地带作战,在这些地区,其机动性和远程火力的优势体现得十分明显。但在黎巴嫩,就不得不在崎岖的山地和狭窄拥挤的城市中心作战。尽管如此,以色列国防军在城市作战方面还是有一些经验的,特别得益于 1973 年战争期间在苏伊士的城市作战行动。然而,这次作战行动是要面对一个居民超过一百万的大城市。将 75000 名士兵、1250 辆坦克和 1500 辆装甲运兵车编配给 4 个独立的师、1 个两栖旅、1 个两师制军和 1 个后备师就是一项艰巨的任务。[5]

以色列关于城市作战的理论在当时是比较典型的,它要求尽可能地包围和绕开城市。如有必要,坦克就在步兵的支援下引导进入城市地区的攻击行动。如果这种行动被证明太困难,步兵将引导坦克冲击。炮兵则提供间接火力支援,在某些情况下甚至要进入城内,对较为顽固的目标直接实施火力打击。在谋划这些战术方面,以色列自建国以来就侧重于装甲部队的运用,这也导致在战斗序列中的缺乏步兵。在实践中,现役的装甲部队和步兵部队接受城市作战训练,而大量的预备役部队在预备役训练课程中一般只能得到有限的城市战训练。[6]

按照城市作战的战术原则,装甲部队通常作为支援兵种配属给步兵指挥。为了更好地突出指挥、控制和兵种合同,指挥员、前方观察员和对空联络官会被安排在一起。所有级别的战术军官都要有很强的独立性和灵活性,这就是以军作战的特点。公认的以色列军队交战规则是允许对藏匿敌军部队的建筑物使用重型火炮的,但也强调使平民伤亡减到最小。[7]

尽管依靠火炮和坦克可以提供强大的火力,但以色列国防军还计划使用非致命手段来确保城市地区的安全。在情况许可时,以色列人希望使用扩音器和传单来敦促平民离开交战地区。在通过狭窄的街道时,一些友好的平民会被雇作向导或是提供敌军的情报。

以色列国防军配备了当时几乎是最先进的现代化装备。步兵要么携带 M16A1 步枪,要么携带"加利尔"突击步枪,这两种步枪在近战中非常有效。此外,在近距离战斗中,步兵还会配备手榴弹、无线电台、榴弹发射器、轻型反坦克火箭和防弹背心。重型支援武器包括 M163"火神"高炮和各种型号的 155 毫米自行火炮。"火神"高炮安装在 M113 装甲运兵车上,虽然口径只有 20 毫米,但其大仰角射击能力和 360 度全向火力令人印象深刻。工兵部队配备了 D-9 履带式推土机,用以清除障碍物和开辟备用通路。尽管一些英国制造的"百夫长"坦克和缴获的苏式坦克也仍在服役,但以军在这次行动中使用的两种主要型号的主战坦克是美国制造的 M60 和国产的"梅卡瓦"式。以色列国防军装甲部队的一个弱点是缺乏夜视器材。有限的夜间行动依赖于火炮、迫击炮连续发射照明弹,以及坦克上安装的探照灯来照明。[8]

在1973年戈兰高地丘陵地形和西奈半岛沙漠地形的战争中,以色列国防军数量有限的M60系列坦克也投入了战斗。M60坦克的动力系统是具有可靠设计和通过验证的大陆汽车公司V型12缸750马力发动机。铸造车体和炮塔则是采用传统的设计和布局。四名坦克乘员包括位于车体中的驾驶员和炮塔内的车长、炮手和装填手。它的主要武器是一门105毫米线膛炮,一挺7.62毫米同轴机枪和一挺安装在车长炮塔内的12.7毫米重机枪。以色列人对M60坦克进行了大量升级,改进了他们的火控系统,并安装了反应装甲。在许多情况下,车长的指挥塔也进行了更换升级。最终以色列人把这种改进型坦克称为"马加奇"-6型。[9]

"梅卡瓦"坦克是在1973年战争后根据以色列的需求而设计制造的,也是此次战役中以色列使用的另一种主战坦克。1979年,第一辆该系列坦克列装以色列国防军。为了最大限度地保护乘员,"梅卡瓦"移除正面装甲后将900马力的发动机布置在车体前端。该坦克的主战武器是传统的105毫米坦克炮,另有三挺机枪作为辅助武器。坦克主炮的基本弹药携行基数是85发。"梅卡瓦"坦克有一个独一无二的设计,打开它的后门可以放入多组弹药架,这些弹药架可容纳额外的200发炮弹,便于快速补给。如果拆除这些弹药架,"梅卡瓦"坦克可以在全副装甲防护下乘载一个10人的步兵班。许多当代的分析家认为"梅卡瓦"坦克是世界上最好的坦克之一。[10]

装甲输送车的主力是美国制造的M113。虽然这是一种性能可靠的装甲车辆,但其铝制装甲极易受到坦克火力和巴勒斯坦人持有的无数RPG-7火箭弹的威胁。一些M113改装了附加装甲,但仍不足以弥补其弱点。由于不愿使步兵暴露在这样的危险之中,以色列人避免使用M113进行近距离战斗,而是将其作为运输工具,用于运送战场附近的人员和补给品,并疏散伤员。[11]

以色列海军的主要任务是封锁黎巴嫩海岸,阻止巴解组织部队获得补给。以色列人有一些小型舰艇和几艘潜艇,但"雷谢夫"级(Reshef)巡逻艇是这项任务的主力装备。这些巡逻艇可以携带6部"伽佰列"(Gabriel)导弹发射器和2门76毫米炮,并且能够长时间航行。以色列海军的另一项任务是支援两栖登陆,并实施欺骗战术,通过佯装大量的登陆行动,以期使巴解组织增派部队守卫海岸。它的第三个任务就是利用海军炮火支援地面进攻行动。[12]

以色列空军被认为是当时世界上最优秀的空军之一,拥有现代化的飞机和训练有素的飞行员。以色列人将任务分配给特定类型的飞机,以最大限度地发挥它们的能力,并尽量避免它们的短板和弱点。例如,F-15"鹰"和F-16"战隼"通常提供空中掩护,而F-4"鬼怪"、A-4"天鹰"、法国制造的"幻影"和以色列制造的"幼狮"则执行近距离空中支援任务。搭载弹药包括智能弹药、集束炸弹、导弹和非制导火箭。由于阿拉伯国家的防空武器过往战绩不佳,以色列的战斗轰炸机飞行员通常能够随意地在3000~4000英尺(900~1200米)的高度投弹。阿拉伯人的高射炮一般对直升机较为有效,因此以色列人主要使用直升机运送物资和疏散伤员。[13]

黎巴嫩南部的基督教居民对巴解组织把他们的家乡变成战场深感不满,他们组建民兵组织来保卫本地区安全。黎巴嫩南部的民兵组织人数约为23000名常备战斗人员,编成许多小分队。他们拥有大量的武器装备,包括老式坦克、装甲输送车和一些火炮。以色列人经常为他们提供装备器材和操作训练。大多数民兵在战斗中保持中立,没有发挥重要作用。以色列人希望贝鲁特东部的"长枪党"民兵部队在巴希尔·贾梅耶(Bashir Gemayel)指挥下,能够在贝鲁特周围协同作战,但他们的希望落空了。贾梅耶的"黎巴嫩军"(LF)约有8000名战士,他们被编成营和连,以班、排为单位行动。他们主要装备M16A1和AK-47步枪,但也有少量T-55坦克、火箭弹和火炮。[14]

巴勒斯坦解放组织

在1982年,巴解组织2万人的战斗部队按照西方标准看来,其组织松散,且训练质量较差。巴解组织在难民营和城市中心的巴勒斯坦人聚居区成立了三个旅级规模的单位,他们经常可以得到苏联制造的补给和叙利亚提供的武器。从理论上讲,巴解组织非常适合城市作战,而无法抵抗以军在开阔地带的优势火力和机动性。巴解组织内部的复杂派系妨碍了任何协调一致的努力,这种风气甚至蔓延到了战术层级。事实上,其班组以上的组织和领导水平非常差。有事件表明,在遭遇攻击时,主要难民营临时组织的反击竟能够比巴解组织在战争期间的反击更有效。但这些部队作战勇猛顽强,甚至付出自己的生命也再所不惜。的确,巴解组织的许多部队认为,他们能期望的最好结果,就是能够在对抗以色列国防军重装部队的战斗中光荣捐躯。[15]

巴解组织的两种主要武器是 AK-47 突击步枪和 RPG-7 火箭弹。由3至6人组成的班,拥有大批 RPG-7 火箭弹。在步枪和机枪火力的掩护下,可以使用 RPG-7 火箭弹伏击并尽可能摧毁更多的以军车辆,以期给敌人造成重创。此外,他们还有大量的手榴弹和地雷,虽然巴解组织很少使用这些武器。在黎巴嫩南部的街道上,一股游动的巴解组织战斗人员对任何敌人来说,都是致命的威胁。巴勒斯坦武装还拥有一些重型武器,主要包括一些老式的、机动性能较差的坦克。他们还使用苏联制造的 ZPU 14.5 毫米重机枪和安装在轻型商用卡车上的 ZU-23 23 毫米机关炮。这些车辆机动性能强,能对软目标和步兵实施有效杀伤,且能够突然出现、开火,并能在 RPG 火箭弹和轻武器火力的掩护下疏散到安全地带。[16]

叙利亚军队

根据1975—1976年黎巴嫩内战后阿拉伯联盟的授权,叙利亚在黎巴嫩大约有3万名驻军。这些部队以6个师的形式部署在贝卡谷地和大马士革与贝鲁特之间的主要公路沿线上。大约有600辆坦克,大部分是老式的T-55和T-62,以及300多门火炮和反坦克炮。最精锐的部队是由2个坦克旅和1个步兵旅编成的第1装甲师,以及由2个步兵旅和1个坦克旅编成的第1机械化步兵师。第91坦克旅也位列其中。叙利亚军队的战术原则与苏军类似,主张在开阔地带作战,避免在城市中拖入持久战。一般认为叙军地面部队的训练和装备水平都较低,而以色列的入侵会打得他们措手不及。叙军的一个主要弱点是倾向于将他们的部队以旅为单位逐次投入战斗。[17]

叙利亚空军派出500多架飞机在黎巴嫩遂行任务。这些飞机大多是久负盛名的米格-21、米格-23和苏-22战斗机。叙军空军部队的首要任务是为贝卡谷地的地面部队充当防空保护伞,并通过密集的防空导弹系统进一步增强其防空能力。在山谷中,叙利亚军队周围部署了大量的SA-2、SA-3和SA-6防空导弹群。[18]

对比军力,以色列国防军在数量和技术上都较对手有明显的优势。一个无可争议的事实是,在距边境线40千米范围内只有少数叙利亚军队。由于许多民兵组织在战斗中保持中立,只有一些小股巴解组织武装会成为以军前进的障碍。几乎没有以色列领导人和决策者认为达到预期目标会有任何困难。[19]

第一阶段

以色列派出5个师和2个加强旅,计划沿3条进攻轴线发动进攻。这些师的打击目标是由 1500～2500 名武装人员守卫的三个巴解组织主要集结地。以军主要的企图是在西线,需要 2 个重型机械化步兵师在泰尔(Tyre)汇合后,沿着海岸线向北机动至西顿(Siclon),与一支两栖攻击部队会合,然后向贝鲁特机动。支援这一行动的是第 162 装甲师,该师被派往中心区域夺占博福特城堡(Beaufort),这里是一个由旅级单位控制的巴解组织指挥中心,任务完成后继续向西北机动至西顿,以支援正在沿海岸线作战的部队。在东线,第 252 装甲师和第 90 预备役师在 1 个空降旅和 1 个步兵旅的支援下,将向北机动以歼灭巴解组织武装力量,逼退所有的叙利亚部队,并且切断贝鲁特至大马士革之间的关键高速公路,以防叙利亚的进一步增援和干预。如果行动成功,驻扎在贝卡谷地的叙利亚主要部队有望被迫撤离黎巴嫩。[20]

　　1982 年 6 月 6 日上午,以军开始向黎巴嫩南部挺进。正如预料的那样,巴解组织是抵抗以军推进的唯一一股力量。尽管他们的许多领导人都撤离了,但事实证明巴勒斯坦战士是相当顽强的。当阵地被占领或者部队被打散的时候,许多战士就逃往难民营或者编成小股游击队到山里继续战斗。以色列已经因为发动入侵而受到国际社会的谴责,它同时面临的另一个挑战就是驻黎巴嫩的少数联合国维和部队正试图封锁他们前进的道路。以军接到了命令不得与联合国维和部队交战,而联合国维和部队也奉命原地坚守,除非他们的安全受到威胁。这对双方来说都是一种危险的态势,任何对抗都可能产生非常严重的国际影响。事实证明,大多数联合国维和部队都与以军行军纵队保持安全距离。然而,一支尼泊尔维和分队在利塔尼河(Litani River)上的卡尔达拉(Khardala)桥设置了路障,而其他联合国维和部队则试图封锁海岸公路。在不同情况下,以色列的坦克或推土机只是简单地向前推进。幸运的是双方都没有向对方开火,避免了流血,但这些事件却造成了短暂的迟滞。

　　对以色列人来说,第一天的进攻相当顺利,他们的纵队稳步向北进入黎巴嫩。在东路,以军推进到了丘陵地带。在中路,空军对纳巴提亚(Nabatiyah)进行了猛烈轰炸以削弱敌防御体系,为逐步接近的作战部队做好准备。以军装甲车队沿着海岸逼近了泰尔港,同时以军还出动了直升机空运突击部队,甚至还有一些轻型坦克已进至边境线以北约30英里的扎拉尼河(Zahrani River)附近。巴解组织的武装人员企图用地雷和RPG-7火箭弹伏击以军部队,但未能阻止他们。然而,巴解武装确实给以军造成了进一步的迟滞和伤亡[22](地图15)。

地图15　1982年6月6日态势

"加利利和平"行动的最初阶段在概念和执行层面上都较为常规,这完全符合以色列的装备和战术理论。在密集的炮兵火力和空中火力支援下，合成装甲部队深入敌国领土的计划只是对过去许多战斗和战役的重新演绎。当前目标仍然是尽快达到40千米的推进线，封锁巴解组织的撤离和增援路线。在这方面，以军正在按步就班的行动，由于巴解组织缺乏机动性和火力，使得它与其敌人之间的差距十分明显。但是，就像历史上的许多战争一样，轻而易举的胜利总是难以捉摸的，因为敌人在这件事上更有发言权。[23]

在向最终目标迅速推进的过程中，第一个主要障碍是泰尔市及其周围杂乱的难民营。以军已为这一地区的城市战斗作了最坏的准备，并为部队提供了补充训练和装备。为了尽量减少平民伤亡，以军散发传单指令居民向海滩集中以避免遭到地面和空中袭击。以军在这次精心筹划和执行的行动中动用了其所有军兵种。在海军提供的炮火支援下，在城市北部的两栖登陆行动切断了敌军撤退或增援的主要路线。这座城市基本上已经被孤立和围困了。

在地面炮兵和空中支援打击了城内的营地和巴解组织阵地之后，以军地面部队在坦克的引导下进入了营地，装甲输送车紧随其后。难民营的帐篷和摇摇欲坠的建筑物对攻击者来说是一个迷宫，但对众多的RPG-7火箭筒射手来说却提供了许多射击阵地。在营地之外，泰尔城以其宏大的建筑而令人生畏。即将到来的逐门逐户的战斗似乎是坦克乘员的噩梦。令巴勒斯坦高级领导人和以色列人自己大为惊讶的是，提尔之战虽然艰苦，但并不像装甲部队所担心的那样变成一场血战。坦克直接向低层掩体开火，同时空降兵和步兵则用轻武器和迫击炮攻击上层阵地。进攻的速度和强度使巴勒斯坦领导人茫然失措，导致他们无法协同起有效的防御。出乎意料的是，最激烈的战斗在一天内就结束了，尽管以军又花了四五天的时间才完全清除了泰尔市所有的抵抗。在这里，高爆反坦克弹和穿甲弹往往无法穿透城市里的混凝土结构。作为回应，以军竟让155毫米自行火炮采取直瞄射击模式。这些做法却证明对于削弱坚固要点非常有效，在某些情况下甚至能摧毁整座建筑物。[25]

因为泰尔的战斗,以军已经不能按预定计划时间表行动了,但装甲部队向海岸的推进仍在继续。以军使用1个旅展开两栖攻击,对进攻方来说西顿城和泰尔有些类似,但这里作为巴解组织的南部司令部,预计会有更多的守备力量。当以军坦克和步兵冲进营地和城市时,所遭遇的抵抗之轻微令他们大吃一惊。当时以色列人并不知道,巴勒斯坦人已经基本放弃了这座城市,撤到了北部的贝鲁特。然而,直到冲突最终结束,仍有坚强的巴解组织武装人员继续采用打了就跑的战术进行零星抵抗。[26]

位于中部和西部的以色列重型坦克部队,只遭遇了一些远低于预期的零星抵抗;即便如此,这也并不是一次单纯如入无人之境的轻松胜利。在山区和乡村曲折的土路上经常发生伏击。有时以军步兵不得不下车,引导坦克穿过街道,从而减慢了推进的速度。随着以军向北推进,他们遇到了越来越多的叙利亚军队。零星的小冲突也变成了激战。为了绕过一处特别坚固的叙军阵地,以军工兵在坚硬的山地上开辟了一条20千米长的小路,保证了一支装甲特遣部队能够继续前进。大量装甲兵力和火力在这些战斗中起到了主导作用,以色列装甲部队继续向北部推进。这些与巴勒斯坦人和叙利亚人的战斗的最终结果,是使得以军在中部和东部方向野心勃勃的进攻时间表彻底落空。[27]

6月7日,以军对中央地区的博福特堡发动了罕见的夜袭。这座城堡是一座距离利塔尼河谷约700米的雄伟建筑,它控制着周围数英里地带。多年来,巴解组织一直将其作为司令部,用于指挥火炮和火箭打击以色列北部。防守这个堡垒的是1500余名巴解组织武装人员,他们装备了各种各样的轻重武器,以及支援作战的一些火炮和坦克。利用装甲输送车的前大灯和照明弹,以军戈兰尼旅通过猛攻占领了敌方阵地,尽管伤亡惨重,但还是排除了这个麻烦的障碍。虽然以军在这里取得了成功,但在艾恩扎塔镇附近的战斗则是另一回事。6月8日,叙利亚人使用重型火炮、反坦克火箭和导弹阻击住了以军。这一行动阻止了以军第 162 装甲师切断贝鲁特—大马士革的高速公路，以及对贝卡谷地叙利亚防御工事的迂回行动[28]（地图 16）。

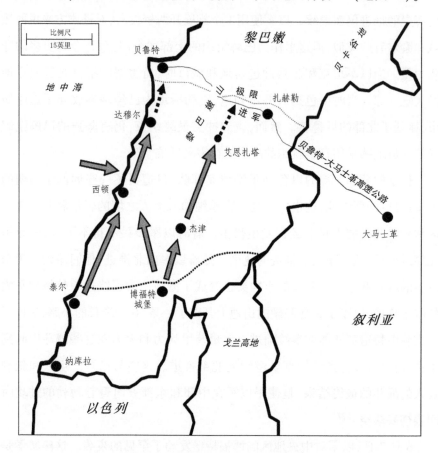

地图 16　1982 年 6 月 7 日至 8 日态势

6 月 9 日发生了一次重要战斗，叙利亚空军被重创，且两年前部署在贝卡谷地的地空导弹阵地几乎也被全部摧毁。90 多架以军战斗机首先与 60 架叙军战斗机展开了超声速空战格斗。与此同时，两场大规模空袭打击了叙利亚的导弹阵地和山谷中的装甲部队。双方报告的飞机损失数量差别很大，但显然有近 80 架叙军飞机被摧毁，而以军一架损失也没有。通过这一行动，以色列赢得了黎巴嫩南部的制空权。除了单兵便携式 SA-7 导弹和高射炮的威胁外,只要飞机保持在这些武器射程高度之上飞行,以色列几乎可以不受任何威胁地执行封锁和地面支援任务。在保证了制空权之后,以军对叙利亚第1装甲师发动了猛烈的攻击。第1装甲师部署于贝鲁特—大马士革高速公路以南,用于保护这条供应3万驻黎叙军的重要补给线。叙军遭到大规模的空袭,以军两个师对其固守的阵地发起了正面攻击。这些协同攻击给叙利亚第1装甲师造成了严重损失,但以色列人也同样伤亡惨重。他们在这一地区的攻击几乎使高速公路中断。叙利亚人匆忙派遣装备了一定数量T-72坦克的第3装甲师进入黎巴嫩,帮助遏制以军的攻势[29](地图17)。

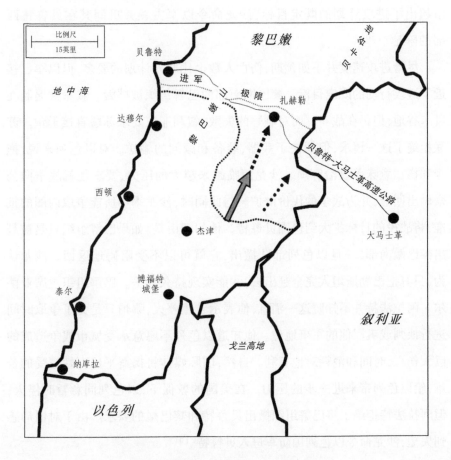

地图17　1982年6月10日至11日态势

虽然在东部靠近贝鲁特—大马士革高速公路的地方陷入了僵局,但以军在沿海地区取得了稳定的进展。在达穆尔(Damour)短暂的战斗之后,以军继续向贝鲁特推进。随着以色列人越来越接近首都,巴解组织的抵抗变得更加有力和坚决。到6月13日,以军进入了贝鲁特西部边缘地区,与巴希尔·贾梅耶领导下的"长枪党"民兵组织取得联系。以色列人曾希望黎巴嫩民兵进入贝鲁特西部的街区,将巴解组织的部队赶出该市;但以军未能如愿,"长枪党"民兵在战斗中保持了中立。如果以色列国防军想占领贝鲁特,就必须得靠自己。尽管这样的行动需要内阁批准,因为这座城市超出了进攻计划的既定目标,沙龙命令以军占领并巩固其在贝鲁特西部的阵地。[30]

尽管进攻速度并不如预期,伤亡人数也比原先计划的要多,但以军已接近了进攻行动的既定目标。黎巴嫩南部的巴解组织被摧毁。叙军被遏制在贝卡谷地,但仍在战斗。面对耻辱的失败,叙利亚人要求苏联直接干预。苏联拒绝了这一请求,但加快了武器、装备和顾问的输送。对以色列来说,拖延和伤亡意味着政治麻烦。沙龙面临越来越大的压力,要求他就战争向公众做出回应,并为战争的代价辩护。与此同时,沙龙竭尽所能争取内阁的批准,将战役的目标扩大到包围贝鲁特。他的理由是,如果巴解组织只是被赶出黎巴嫩南部,一旦以色列部队撤出,它就可以不受阻碍地返回。沙龙认为,只有把巴勒斯坦人完全赶出去,才能实现持久和平。巴解组织主席亚萨尔·阿拉法特并不知晓这一消息,他表示希望停火,哪怕只是为了争取时间进行谈判或巩固他的军事地位。他知道以色列不愿意承受城市战争造成的巨大伤亡,时间和消耗对他有利。自然,国际媒体将揭露平民百姓遭受的苦难,给以色列带来进一步的压力。在美国的敦促下,以色列同意暂时停火,但阿拉法特拒绝了将巴解组织撤出贝鲁特和黎巴嫩的要求。由于对僵局感到失望,沙龙命令以色列国防军进入贝鲁特。[31]

贝鲁特之战

贝鲁特曾被认为是"中东小巴黎",但到1982年,它的昔日辉煌只剩一层外壳。这座城市曾吸引了来自欧洲和亚洲的商人和游客常常光顾集市和海滩,而这样的日子一去不复返了。始于1975年的黎巴嫩内战是造成经济萧条的主要原因。政治和文化分裂导致基督徒控制着城市东半部,而穆斯林和巴解组织则占领城市的西部。穿过贝鲁特的核心地带有一处绵延10英里(约1.6千米)的狭长树林和灌木丛,被称为"绿线",它恰好自然地呈现出这种分割。这里的地形特征有三个交叉点,在城市的东部和西部之间形成了一个明显而真实的分界线。贝鲁特西部面积约10平方英里(约25.9平方千米),多年来遭受的破坏最为明显,几乎没有什么完好的建筑。电力、供水和市政服务时断时续;60万居民的食物和燃料供应也很短缺。[32]

巴解组织占领了城市西南的四分之一,并且把贝鲁特西部变成了巴勒斯坦的流亡首都。它的司令部就设在法坎哈尼区,那里有一些楼高14层的建筑,但建筑质量普遍低于主要海滨地区。司令部大楼经过改造,增加了三层地下室,以应付可能的战争行动。附近还有一个体育场,被改造成为一个大型弹药库和招募及训练中心。城市各个角落都散布着掩体和物资储备点。对于类似于坦克这样的大型军事装备来说,这个地区的街道太过狭窄。位于城市南部边缘的是贝鲁特国际机场和几个难民营。那里地势平坦而多沙,难民营里住着大约20万巴勒斯坦难民,可能会造成非常严重的麻烦(地图18)。

巴勒斯坦武装人员计划集中力量保护巴解组织的司令部和萨卜拉、沙蒂拉和巴拉吉纳三个难民营;但是巴勒斯坦人的重武器数量不足。大约只有40辆T-34坦克、30辆DM-2侦察车、70门老式高炮和24门BM-21火箭

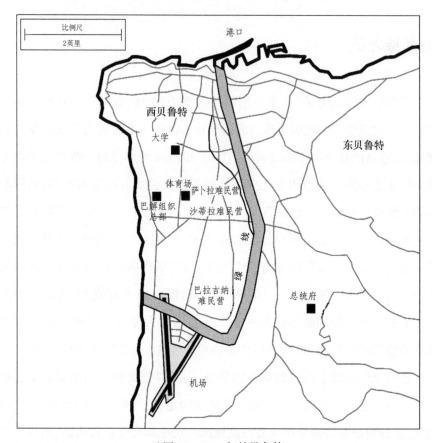

地图 18　1982 年的贝鲁特

炮。16000 名誓死作战的巴勒斯坦武装人员将肩负大部分战斗任务。他们携带 AK-47 步枪或 RPG-7 火箭弹,躲在贝鲁特西部不计其数的建筑物内,利用短暂的停火间隙,他们疯狂地加固阵地工事,并在通往该市的道路上埋设诡雷。[33]

巴解武装只有不到 2000 名黎巴嫩穆斯林民兵作为盟友。他们是逊尼派的穆拉比特派(Murabitun)民兵和什叶派的阿迈勒派(Amal)民兵等左翼分子。穆拉比特派民兵防卫港口地区和国家博物馆路口,而阿迈勒派民兵则集中力量保护什叶派贫民窟。此外,叙利亚还部署了由大约 2300 人组成的第 85 机械化旅,该旅装备有大约 40 辆 T-54/55 坦克和装甲输送车,两个炮兵营和一个 57 毫米高炮连。这个旅在贝鲁特南部的战斗和以色列空军几乎不间断的轰炸中损失惨重。叙利亚武装力量被部署在西贝鲁特的南部地区,那里地形相对开阔,最适合他们的装甲部队作战,此外叙军在苏联大使馆附近还有一个阵地。叙利亚人还控制了许多巴勒斯坦武装和民兵部队。巴解组织内部的小股派别、黎巴嫩民兵组织和叙利亚军队各自为了自己的利益行事,对指挥和控制来说是一场灾难。每个群体都心怀鬼胎,以各自的方式为自己战斗。[34]

以色列人知道巴解组织存在的指挥和控制问题以及其他问题,但是巴解武装战斗人员的绝对数量和城市环境迫使他们停顿下来。幸运的是,地形赋予了以色列人两个明显的优势。首先,在贝鲁特南部和东部环绕着一系列山脉,其海拔高度甚至超过 6000 英尺(约 1800 米)。火炮和重型武器对地势较低的城市有极佳的射界。第二,巴勒斯坦武装力量的主力部署在远离城区的开阔地上,以掩护那里的营地。因此,以军可以集中火力攻击巴解组织司令部所处的法哈尼区和三个难民营,同时也可以最大限度地减小大多数黎巴嫩平民所受的威胁(地图 19)。

由于巴解组织拒绝撤离黎巴嫩,沙龙开始着手强行解决这个问题。为此,以军必须占领贝鲁特周围的主要地区,切断贝鲁特和大马士革之间具有战略意义的高速公路。而顽强抵抗的叙利亚旅占领着这些高地。以军和叙军为争夺这些高地战斗了 13 天,但到 6 月 26 日,以军夺取了高地和长达 13 英里(约 21 千米)的高速公路。此外,尽管巴希尔·贾梅耶领导下的黎巴嫩"长枪党"民兵在官方上是中立的,但他们牢牢地控制着贝鲁特的北部和东部地区。在这种情况下,大批巴解组织武装和叙利亚第 85 旅被围困在首都。为了继续施压,以色列人定期炮击巴勒斯坦难民营和城区。沙龙再次要求巴解组织撤离黎巴嫩,许诺叙利亚人可以带着他们的武器和装备安全撤离。黎巴嫩军队将进入贝鲁特西部解除巴解组织的武装。这些要求和提议遭到

68　击碎谬论——城市作战中的坦克

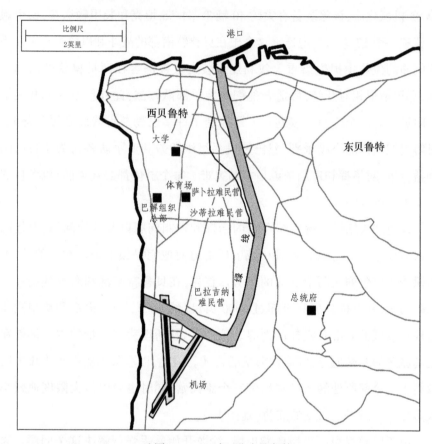

地图19　1982年，进攻贝鲁特

拒绝，以色列继续加强对贝鲁特的军事控制和经济封锁。7月1日，以色列飞机在城市上空发出轰鸣，伴装掠空轰炸。以军使用传单和无线电广播敦促平民在即将到来的战斗之前离开这座城市。争夺贝鲁特的战斗正式开始了。

7月3日，以军一支装甲和步兵组成的部队向贝鲁特南部的巴拉吉纳难民营开进。经过激烈的战斗，这支部队设法突入营地一小段距离。这一行动的成功是有限的，但以色列政府公开宣布，如果有必要的话，他们愿意在整个冬天持续围攻。

在接下来的围攻行动中,攻击巴拉吉纳难民营确实影响着以色列在城市战中对于装甲力量的使用。与沿海城市不同,这里的巴勒斯坦人进行了顽强的抵抗,事实证明,RPG-7火箭弹对付以色列坦克十分有效。由于坦克和车组人员的损失不断增加,以军不愿在接下来的大规模攻击中使用坦克。以色列人相信时间是站在他们一边的,于是决定使用持续性的炮击,以持续加强对城市周围的封锁。这一趋势在接下来的两周内继续维持,然后炮击规模在巴解组织对以军阵地发动了几次袭击后进一步扩大。7月21日以军的反应是大规模的空袭,加之海军炮火、重炮和坦克火力。这些攻击行动一直持续到月底。

面对内阁中日益增长的不满情绪,沙龙比以往任何时候都更加坚决地要强行解决问题。8月1日清晨,一支由坦克、步兵和空降兵组成的以色列特遣部队突袭并占领了贝鲁特国际机场。在接下来的三天里,以色列空军和火炮不断地轰炸贝鲁特西部。而这只是一些更大规模战斗的前奏。

进入城市

从8月4日开始,在大规模空袭、炮击和海军火力的猛烈炮火支援下,以军对贝鲁特发动了战争中规模最大的地面行动。美国大学医院、总理官邸、中央银行、新闻周刊和国际联合出版社的办公室以及两家豪华酒店都遭了殃,受到了严重破坏。居民区也遭受了广泛的破坏。以色列国防军从东贝鲁特越过绿线上的三个检查站进入西贝鲁特,其主要目标就是巴解组织司令部。以军用工兵和推土机为坦克、步兵和伞兵开路。激烈的巷战打响了,以色列人设法夺占国家博物馆和赛马场;然而他们却未能成功突破至巴解组织司令部。[37]

以军利用之前攻占的机场附近地域,从贝鲁特南部发起策应攻势。以军沿着海岸的一次强攻仅推进了半英里,就被巴解组织的顽强抵抗所阻止。另一场突袭从机场发动,向东北方向进攻,目的是在难民营之间打开缺口。营地大部分已被遗弃,但巴解组织的机枪、RPG-7火箭弹和火炮的强大火力阻止了以军这些策应攻势。虽然攻击没有达到目的就停止了,但以色列人显示出以地面部队在城市环境中系统地歼灭巴解组织武装力量的决心。在以色列的军事和经济手段的紧逼下,加上外交战线日益孤立,留给阿拉法特和巴解组织的时间不多了。阿拉法特最终同意有条件地从贝鲁特撤军。为了保持对巴勒斯坦领导人的压力,沙龙于8月12日下令对贝鲁特进行迄今为止最猛烈的轰炸。持续12小时的空袭和炮击集中轰击巴解组织司令部和难民营。据估计,有130多人死亡,400多人受伤,其中大多数是平民。严重的平民伤亡使以色列人民感到震惊,沙龙的这次单方面行动使得内阁剥夺了他的一切军事权力。因此,未来所有的军事行动都需要内阁或总理的批准。8月19日,内阁批准了巴解组织的撤离计划,在联合国多国部队的监督和保护下,巴解组织于8月21日开始撤离。在黎巴嫩的14000名巴勒斯坦武装人员中的最后一人于9月3日撤离。对贝鲁特的围攻结束了。[38]

以色列国防军在"加利利和平"行动中的全部战损包括344人死亡,2000多人受伤,其中几乎一半是在争夺贝鲁特的战斗中损失的。巴解组织在贝鲁特损失了4500多人,黎巴嫩民兵和叙利亚方面损失了大约3500人。贝鲁特平民的伤亡很严重,估计达到了6000人。[39]

以军进攻的直接结果是巴解组织大部分武装力量从黎巴嫩和突尼斯的基地撤出。以色列消除了对国土北部最严重的袭击威胁,但与叙利亚及其亲密盟友黎巴嫩政府之间的关系仍然高度紧张。这场冲突在军事上对叙利亚来说是灾难性的,损失了大量装甲车和飞机,但它仍然控制着黎巴嫩三分之一以上的领土。1983年双方达成了一项协议,为以色列的撤军设定条件,但该协议从未得到落实,在这片动荡的地区,和平与稳定仍然难以实现。尽管如此,以色列从1985年开始分阶段撤出黎巴嫩,只留下一些黎巴嫩民兵来管理一块安全区,这些民兵统称为南黎巴嫩军。最后一批以色列国防军于2000年撤出该地区。[40]

回顾

以色列国防军发起了"加利利和平"行动,为做好在城市环境中战斗的准备,他们配发了专业器材并展开针对性训练。他们从过去的战争和以色列在所占领土内遂行的安全行动中建立战术理论体系、获取经验。伤亡惨重的以色列国防军充分认识到,如果没有足够的步兵支援,装甲部队遂行城市作战的代价将是非常高昂的,而任务式编组可以弥补重型坦克部队编制结构的缺陷。与常规作战不同,在城市战斗中,坦克和坦克部队一般应置于步兵的指挥之下。

面对巴解组织广泛使用的单兵便携式反坦克武器,以色列在战斗行动中只损失了少数坦克。目前尚不清楚这是由于RPG-7射手射击技术不佳,还是因为这种武器无法对装甲车辆造成严重损坏,也可能两者都有。在受控的测试环境中,RPG-7火箭弹射击垂直表面能够穿透10英寸(约25厘米)厚的均制装甲。按照设计,M60坦克和"梅卡瓦"坦克都有倾斜装甲,以色列人还用反应装甲改装了他们的许多装甲车辆。许多以军坦克连续多次被击中仍可以继续战斗,且"梅卡瓦"坦克的表现非常出色。事实证明,这是在作战行动中最安全的坦克,因为没有任何一名车组人员在作战行动中丧生。此外,在M60坦克和"百夫长"坦克上加装的反应装甲在保护车组乘员方面证明了它们的价值。[41]

本来用于开阔地域作战而非城市作战的M60坦克和"梅卡瓦"坦克都采用现代化设计。这些坦克无法在许多狭窄的道路和街巷中机动,而且长身管火炮也对坦克的转向造成了极大的限制。它们的机枪缺乏足够的仰角来提供压制火力或打击建筑物高层目标。巴勒斯坦狙击手迫使以色列坦克指挥官暂时放弃了从敞开的舱门露头指挥火力和部队的习惯。尽管以色列坦克在设计上有缺点,但它们发挥了良好的作用,向随伴步兵提供直射火力支援,并用自己的攻击速度和冲击力震撼了巴解组织的防御部队。

不出所料,M113 装甲输送车等支援车辆在城市战中尤其脆弱,因为遭受 RPG-7 火箭弹的打击就意味着必定出现伤亡。装甲输送车的设计功能仅仅用于把步兵乘员运送到战场,让他们下车战斗,紧闭的舱门只会使情况变得更糟,因为车组人员和步兵载员都无法使用自己的武器开火。以色列国防军步兵很快学会了下车徒步战斗。拆除了弹药架的"梅卡瓦"坦克虽然在某种程度上弥补了缺乏输送步兵能力的问题,但是这样的坦克既不能输送全部步兵,同时坦克本身的炮弹数量也被进一步限制了。另一些"梅卡瓦"坦克作为临时救护车使用,但这种做法使前线失去了强有力的武器。另一种权宜之计是使用装甲工程车来输送步兵,但这样会造成工程保障效能下降。

以色列国防军在泰尔和西顿的战斗中大量使用烟雾弹,但在包围贝鲁特时使用得很少。事实证明,它能够有效限制 RPG-7 火箭筒射手瞄准目标,但由此带来的新问题似乎比它所解决的问题还要多。烟雾经常会干扰小型作战单元指挥员使用的手语信号,会阻挡坦克驾驶员的视线,导致前进或攻击的速度减慢。为了弥补烟雾不足,以色列人用迫击炮作为压制火力。迫击炮因其带来的心理震撼和高角度曲射火力而受到青睐,这使得它们可以在建筑物密集的地区使用。然而,以军步兵编制中常见的 60 毫米和 81 毫米迫击炮无法穿透现代建筑的顶部结构。相反,在叙利亚人和巴勒斯坦人手中,苏联制造的 120 毫米迫击炮却可以轻易地打穿以军控制的建筑。[42]

交战各方都将高射炮用于遂行地面支援任务。他们都有足够的高低射界和方向射界对付高层建筑的目标,并具备能够压制敌方的高射速。特别可怕的是 20 毫米"火神"炮,它能以每分钟 2000 发以上的射速穿透大多数建筑物。叙利亚人使用的则是老旧的 23 毫米 ZU-23 高炮,巴勒斯坦人也有一些同型号高炮。

总而言之,以色列国防军被证明擅长在城市环境中使用坦克和装甲力量作战。他们装备的是性能优良的装甲车辆,车组训练有素,在优秀指挥员的指挥下,在泰尔和西顿战斗中取得了决定性的战果。面对主要城市贝鲁特更艰巨的挑战,尽管他们在这种战争中表现得很好,但遭受了严重的损失和伤亡,因为与之对抗的敌人拥有有效的武器和坚强的意志。在这种情况下,压倒性的火力优势往往弥补了在编制和车辆设计方面的不足。此战对以军战术理论的长期影响还有待观察,因为之后再无如此规模和范围的作战行动了。由于以色列军队在战后并没有从根本上改变他们的作战条令,看来他们对自己的作战原则大体上是满意的。这场战争发生在冷战期间,而当时准备在德国平原作战的美国军队,并没有充分利用贝鲁特城市作战的经验教训来审视自己的作战原则。[43]

参 考 文 献

[1] Chaim Herzog,The Arab-Israeli Wars:War and Peace in the Middle East(New York:Vintage Books,1984),339-340."喀秋莎"一词泛指来自苏联的非制导火箭弹。最为普遍的是 122 毫米版本,通常与 BM-21 火箭炮搭配。此类武器的最大射程约为 45 千米。它并不以精度著称,是典型的面杀伤武器。

[2] Kenneth M. Pollack, Arabs at War: Military Effectiveness, 1948-1991 (Lincoln, NE: University of Nebraska Press,2002),524. Yazid Sayigh,Arab Military Industry:Capability,Performance,and Impact (London:Brassey's Defense Publishers,1992),524.

[3] Herzog,342.

[4] 同上,345.

[5] David Eshel,Chariots of the Desert:The Story of the Israeli Armoured Corps(London:Brassey's Defense Publishers,1989),162. Anthony H. Cordesman and Patrick Baetjer,The Lessons of Modern War,Volume I:The Arab-Israeli Conflicts,1973-1989(Boulder,CO:Westview Press,1990),165-166,169. 多数观点认为,以军在苏伊士城的行动并不成功。

[6] Eshel,156. George W. Gawrych," The Siege of Beirut," in Block by Block:The Challenges of Urban Operations,ed. William G. Robertson(Fort Leavenworth,KS:U. S. Army Command and General Staff College Press,2003),213-214. 这篇文献是极好的补充资料。

[7] Gawrych,214. 据观察,随着军队伤亡增加,关于平民伤亡和财产损失的担忧就会下降。

[8] Pollack,525. Cordesman,171,173,184. 一些文献将M60系列坦克命名为"巴顿"式。虽然在理论上是正确的,但很少有人将M60称为"巴顿"式,而是把这个名字留给M48系列坦克。以军确实有一些M48坦克在役,但在此次行动中没有大量使用。

[9] Cordesman,87-88,173. R. P. Hunnicutt,Patton:A History of the American Main Battle Tank(Novato,CA:Presidio Press,1984),210,225. 作者注:M60A2是工程师的灾难。按照设计,这种改型车发射152毫米"橡树棍"导弹,但其一直被诸多"小毛病"所困扰,因而最终被放弃。按照作者的观点,M60原型的炮塔糟糕透了。潜望镜很差劲,载弹量太小,M85机枪操作不便且容易卡壳。手摇柄太小,不能操控机枪快速转向或升降。M60坦克车长最明显的特征就是指关节有因清理枪膛而留下的疤痕。

[10] Eshel,157-161. Cordesman,172-173. "梅卡瓦"坦克就是一座移动的武器库。

[11] Cordesman,171,174-175.

[12] Cordesman,216. Gawrych,225.

[13] Cordesman,193,195-196.

[14] Herzog,339.

[15] Cordesman,119-121. 巴解组织的三个旅分别为"卡拉迈"旅、"耶尔穆克"旅和"卡斯特"旅。

[16] Cordesman,119,171,183. 20世纪90年代在索马里的美国陆军经常将搭载重武器的卡车称为"技术车辆"。

[17] Pollack,523-524. Herzog,344,346. Cordesman,122,173. 1973年的惨败之后,叙利亚军队将许多步兵单位机械化,并强化了防空力量的数量和机动性。叙军还扩编了特种部队,但却是通过从

第三章 撼动卡斯巴：贝鲁特，1984

步兵部队中抽调大量骨干而实现的。新型T-72坦克引起了以军特别的重视，因为有人怀疑105毫米炮是否能穿透其装甲，而结果证明它的确有这个能力。

[18] Herzog,344,347. Cordesman 194-195.

[19] Pollack,525.

[20] Eshel,162-163. Pollack,525-527. 尽管以军的主要方向是在沿海地区，但最强大的重兵集团摆在了东线，以防备更强大的叙利亚军队。

[21] Cordesman,136-137,149.

[22] Pollack,528. Cordesman,137.

[23] Herzog,345.

[24] Cordesman,138-139.

[25] Eshel,163. Cordesman,139. Gawrych,226. 后来，155毫米自行火炮在贝鲁特派上了用场，用于直瞄射击。

[26] Cordesman,139,141-142.

[27] Eshel,163-164.

[28] Herzog,343,346. Pollack,530-531. 这是驻黎巴嫩的叙利亚军队没有被全歼的关键原因。

[29] Eshel,166. Herzog,347-348. Pollack,538-540. Cordesman,200-201. Pollack,532-534,536-537. 这一损失数字意味着叙利亚空军战损超过15%，并且损失了大量优秀的飞行员。空战的确吸引了以色列空军的注意力，影响了其执行关键的对地支援任务，这也是以军未能在此时切断高速公路交通的原因之一。叙利亚军第1装甲师损失坦克超过150辆，有一个旅被全歼。这是被大肆吹嘘的T-72坦克首次在实战中亮相。其并不像某些分析家们预测的那样强大。

[30] Herzog,349-350. Pollack,541-542. 加鲁奇博士(214-215)等一些分析家认为，此时以色列国防军"一路直捣"贝鲁特的胜算很大。他们认为，巴解组织被以色列军队的进兵的速度和力度所震撼，组织不起防御。6月13日，耶路撒冷方面宣布了耶库蒂尔·亚当少将的死讯，他是以军在战斗中阵亡的最高将领。此时，以军共有214人阵亡，1176人受伤，23人失踪。

[31] Herzog,35-37. Gawrych,217. Cordesman,148-149. 沙龙的目的显然是开放性的，很可能是要将以色列拖入一场与叙利亚的、准备不足且结局不明的全面战争。如果以色列国防军一开始就能够按照这些目标制定计划，并且在黎巴嫩南部的进军再快一些、坚决一些，很可能以色列就能在6月20日达成这些重要的军事目的。

[32] Gawrych,209-210.

76　击碎谬论——城市作战中的坦克

[33] Cordesman,144,151. Gawrych,210-211,219.

[34] Cordesman,120-121. Pollack,543-545. 波莱克断言,叙利亚装甲部队尤其不善于合成军队作战,并且不会实施机动作战,不会调整炮兵。几乎没有什么侦察行动,而且士兵和乘员不怎么会清理和维护他们的武器装备。他奇怪的是叙利亚军队为什么没有被全歼,他认为以军"走走停停"的攻势是主要原因。更多技术细节,参见一位苏军老装甲兵的著作 Steven J. Zaloga,T-54,T-55,T-62(New Territories,Hong Kong:Concord Publishing,1992).

[35] Gawrych,219-221. 以色列空军和黎巴嫩亲以武装设立了检查站,封锁了贝鲁特西部的所有交通。只有医务人员、警察、消防员可以通过。大部分叙利亚军队是在口袋完全扎紧之前设法溜出贝鲁特西部的。

[36] Gawrych,228. 以色列国内甚至军内都出现了对这场战争的异议。7月末,以军旅长艾力·加瓦上校就拒绝了向贝鲁特西部地区炮击的命令,理由是这样的炮击将造成严重的平民伤亡。随后他就被解除了指挥权,但这种军内的异议在以色列国防军历史上是绝无仅有的,也震惊了以色列公众。

[37] Herzog,352. Gawrych,221.

[38] Gawrych,222-223. Herzog,352.

[39] Cordesman,152. Gawrych,223.

[40] Herzog,352-354. 萨阿德·哈达德是南黎巴嫩武装力量的建立者和总指挥,曾在"加利利和平"行动中指挥一个民兵营。以色列为他的部队提供武器和补给。1984年末,他死于肺癌。

[41] Eshel,167. Cordesman,155-156. 巴解组织基本上是一支警备部队,面对当前的作战任务,他们的训练和装备都很落后。如果他们能够像叙利亚特种兵那样战斗,以军的损失将会更加惨重。

[42] Eshel,167. 按照传统,战斗中的以军坦克车长都站立在炮塔中,以便于迅速发现目标和实施指挥控制。

[43] Cordesman,221. 考迪斯曼认为,多数西方分析家从此次战争中得出的结论是错误的,他们多数只关注技术方面而不是武器的运用。

第四章

闯入地狱:格罗兹尼,1995

1995年1月,俄罗斯军队进攻车臣的行动是20世纪最糟糕的军事行动之一。战斗集中在格罗兹尼市。在那里,一支仓促集结、毫无准备的俄罗斯军队摆开架势,与车臣的正规军和游击队展开了激战。尽管车臣人坚持了3周,他们最终还是把这座城市丢给了俄罗斯人。这座城市在1996年和2000年两次易手。俄军每次进攻都在城市作战中使用坦克和装甲车。因此,格罗兹尼战役对世界主要强国在城市中使用装甲车辆作战的观念产生了深刻的影响。

格罗兹尼战役是在城市战斗中使用装甲部队进行大规模作战的一个重要战例。对许多当代分析家来说,格罗兹尼战役代表了现代战争的未来。在格罗兹尼,一支技术先进的军队为控制一座大城市而战。严重的伤亡和附带伤害,以及车辆和装备的大量损失都表明,在城市作战中使用坦克很明显是愚蠢的。本章将讨论1995年的格罗兹尼战役,并研究为什么俄罗斯装甲兵没有取得理想的战果。

对于研究俄罗斯历史的人来说,这场冲突并不令人意外,因为车臣地区长期遭受苦难。车臣位于俄罗斯东南部的里海地区,是一个主要的石油生产区。极端独立的车臣人民长久以来都在抵抗他们认为是异族的一切统治者,并常常付出遭受军事占领和大屠杀的代价。也许最残酷的一次是1944

年约瑟夫·斯大林将所有车臣人流放到中亚。数千人因此丧生,这助长了车臣人对俄罗斯长久以来的仇恨。苏联领导人尼基塔·赫鲁晓夫后来允许车臣人民在13年后返回故乡,但他们对俄罗斯的态度没有改变。多年来,车臣人不耐烦地等待获得独立的机会[1](地图20)。

地图20　车臣共和国

1991年10月,车臣总统杜达耶夫利用俄罗斯的政治混乱宣布该共和国独立。俄罗斯总统鲍里斯·叶利钦、苏联总统米哈伊尔·戈尔巴乔夫和俄罗斯最高苏维埃之间的摩擦和竞争,影响了俄罗斯对这个分离的共和国做出迅速反应。俄罗斯实施了全面的经济制裁和政治孤立,但没有展开大规模的军事行动。亲俄派得到了资金和武器,但他们没能把车臣带回俄罗斯的怀抱。由于屡次失败而蒙羞,1994年12月,叶利钦总统利用手中新巩固的权力,要求进行全面军事干预,解除"掌权的犯罪分子"的武装,重新建立俄罗斯对车臣共和国的统治。"对抗是不可避免的,车臣仍不服气,继续朝着他们全面自治的目标前进。"[2]

俄罗斯计划出兵车臣,以重建对车臣的控制,并为其他抱有类似想法的共和国树立榜样。这个计划有四个主要部分,并不特别复杂。第一阶段是通过封锁边界来孤立格罗兹尼当局,部署军队和内务部的部队,从北部、西部和东部在格罗兹尼周围形成封锁线。从该市到南部的一条路线则将保持开放,允许车臣军队离开格罗兹尼。这一开放阶段预计将持续大约3天。[3]

这一行动的第二阶段是派遣强大的装甲部队进入城市,目的是迅速占领总统府和政府大楼。其他目标包括电台和电视台以及提供水电和污水处理的公共设施。俄军规划者设想这个阶段大约4天,预计车臣叛军会利用这个机会通过上述开放道路逃离,躲避大规模装甲部队。[4]

第三阶段是把车臣军队赶入山区,并建立一个亲俄政府。这大约需要10天的时间。第四个也是最后一个阶段是消除山里的零星抵抗,这个过程预计需要几周或几个月的时间。俄军预计在压倒性的火力打击面前,抵抗将十分微弱。[5]

格罗兹尼是车臣共和国的首都,1994年有近49万人口。作为一个主要的工业和石油中心,格罗兹尼占地约100平方英里(约260平方千米),有许多多层建筑。它确实是一个现代化的城市,有电力、下水道系统,还有其他必要的基础设施。在20世纪80年代,格罗兹尼被普遍认为是该地区最美丽的城市之一,拥有现代建筑、广场、公园和宽阔的大道。格罗兹尼的人民,以及车臣人民,是非常独立的,他们准备对任何入侵者采取敌对的态度。这是一个宗族占统治地位的社会,有着严格的道德准则和强烈的动机。这就是车臣战士的强大力量——每个人都知道他们为何而战。他们准备为自己所信仰的事业献出生命,并希望在这个过程中带走许多俄罗斯人的生命。[6]

俄军战斗序列和作战计划

在 1994—1995 年车臣冲突期间,俄军的战斗序列极其难以确定。大多数部队都是临时编组的,人数通常远远低于正常编制。粗略的估计最初在车臣参战部队由 19000 名俄罗斯军人和 4700 名内务部人员组成。大约有 80 辆坦克,208 辆装甲步兵车辆,180 多门大炮。在接下来的几周和几个月里,俄军向车臣派出了增援部队,直到总兵力达到 58000 人。俄军投入了大量飞机参与进攻,主要来自驻北高加索军区的空军第 4 集团军。虽然纸面数据惊人,但俄军从一开始就存在协调不同部门军队的问题。国防部、内务部和国内安全部门都投入了兵力。然而,他们的行动并不能按照统一的目标协调一致。[7]

俄国人在车臣部署了 T-80 主战坦克。T-80 从 20 世纪 70 年代后期开始生产,是一种完全现代化的车辆,当时是俄军装备序列中最先进的坦克。它的主武器是一门 125 毫米主炮,能够发射各种反坦克和反步兵炮弹。辅助武器包括一挺 7.62 毫米同轴机枪和一挺 12.7 毫米重机枪。T-80 的装甲被认为性能出众,并经常加装反应装甲。由于使用了自动装填机,T-80 坦克车组人员减到 3 名,当配发热成像瞄准具时,车组人员可以在有限的光线下瞄准目标。俄军也动用了这种坦克的早期版本 T-72。T-72 有许多相同的功能,但它的装甲没有那么有效,T-72 使用柴油发动机而不是燃气轮机。大多数西方分析家认为这些坦克足以跻身世界上最好的坦克行列。[8]

BTR-80 装甲运兵车是俄军在车臣和格罗兹尼战役的标准步兵车辆。这种八轮装甲运兵车有 3 名乘员,可搭载 7 名步兵,14.5 毫米重机枪和 7.62 毫米同轴机枪提供直接火力支援。BTR-80 是 BTR-60/70 系列的改进型,

第四章 闯入地狱：格罗兹尼，1995

主要的改进是发动机、武器高低射界和乘员出口。较老的改型也在车臣服役。另一种现役的步兵战车是 BMP 系列履带式战车。作为 BMP-1 的改进版本，BMP-2 在 80 年代初列装，是数量最多的型号。主要的武器装备是 30 毫米自动炮和 AT-5 反坦克导弹发射器。BMP-2 有 3 名乘员，可以搭载 7 名步兵。所有的 BMP 改型都有相对较薄的装甲，而且由于车辆的紧凑，任何弹头穿透装甲都会导致人员、机动性或火力杀伤。[9]

11 月 29 日，叶利钦命令车臣武装放下武器向俄罗斯投降。对方的拒绝激怒了他，他给了军队两周的时间来准备入侵车臣。计划行动的匆忙是显而易见的，在这个过程中，俄军做了一些非常有问题的设想。首先是假设车臣人不会抵抗如此强大的火力。另一个假设是，俄军的战斗力和战备水平与冷战时期一样强。但事实完全相反，与过去相比，俄军的训练、纪律、后勤和装备完好率水平都很低。部队通常是拼凑而成，一些临时编成的营由来自 5~7 支不同部队的人员组成。车组成员之间常常互不相识。许多士兵在参战前，对手中的武器只接受了基本的培训，没有任何的城市战斗经验。[10]

除了一些糟糕的计划设想，在战役发起前，俄军还犯了一些严重的错误和遗漏。其中最严重的是对通信问题的处理。由于加密设备的不足和不可靠，俄军决定将所有消息都以明文传输。这使得车臣人能够监控俄罗斯人的通信，并在通信网中插入虚假信息。俄军也没有准备使用中继或天线来克服高层建筑和城市环境中常见的电力传输线造成的电磁干扰。此外，俄军没有足够的地图供战术指挥官使用，标准的 1：10 万比例尺地图也不适合城市作战。[11] 在计划和准备阶段，也没有提供详细的情报。俄军对格罗兹尼的情况几乎一无所知，几乎没有证据表明俄军已经充分研究了城市地形或周边地区。俄军对格罗兹尼的地下下水道和有轨电车系统知之甚少，更不知道会有敌人在背面的小巷和街道等着他们。即将到来的战斗的另一个关键因素是，俄军的军事理论是建立在针对整个欧洲北部和北约军队的进攻行动上。对车臣的干预需要更灵活的行动和专业培训。俄军毫无准备，许多野战部队军官质疑他们的部队执行这种行动的能力。[12]

车臣武装的战斗序列和计划

车臣武装的战斗序列实际上也无法估算,因为这些部队组织松散,实力有波动。双方的宣传还夸大了数字。明面上,车臣共和国有1.5万至3.5万名武装人员,其中许多人在苏联军队接受过军事训练。典型的车臣战斗群是一个3~4人的小组,3~4个小组通常会临时联合起来对付一个特定的目标。最庞大的队伍可能是由总统杜达耶夫最信任的助手之一沙米尔·巴萨耶夫领导的"阿布哈辛营"。巴萨耶夫久经沙场的部队由大约500人组成,他们曾在1992—1993年期间在阿布哈兹与格鲁吉亚军队作战。这支部队在进行伏击或发动突袭时,有时会以200人的规模行动。一些外国武装人员也加入了对抗俄罗斯这项事业。这些力量大多缺乏组织和训练,但他们具备高度的坚韧性和创新意识,包括动员整个村庄参与和骚扰俄军装甲部队。[13]

重武器方面,车臣人有大约12~15辆T-54和T-62坦克。这些坦克不如俄军的T-72和T-80,主要在格罗兹尼被用作碉堡,覆盖关键的十字路口和设施。城内还有大约40辆BTR和BMP系列车辆,大约30门火炮散落各处。车臣空军在战争开始的几个小时内就被摧毁在地面上,在战争中没有发挥作用。[14]

即使车臣武装没有重型武器,他们也有大量的轻武器和榴弹发射器。大量武器和弹药的库存是两年前俄罗斯军队从该共和国混乱撤退的结果。实际上,俄国人给他们的敌人提供了充足的武器和给养。AK-47突击步枪是车臣人的主要武器,但他们武器库中最强大的是RPG-7火箭发射器。熟练的射手可以操作RPG-7从屋顶俯射,像迫击炮一样,作为打击进攻部队队形的面杀伤武器,或作为直接对装甲车辆射击的精确武器。[15]

车臣人在格罗兹尼采取了一种新的防御战术。杜达耶夫和他的盟友们决定基本完全专注于游击战术,而不是使用传统的支撑点防御战术。利用他们对这个城市的熟悉,每个地区的领导人都派出小部队寻找机会,并准备伏击。他们的计划是放俄军进入格罗兹尼,然后包围并孤立个别部队。反坦克武器将在游击行动中攻击坦克和步兵车辆。车臣武装还布置了大量的诡雷给俄军步兵行动造成威胁。车臣人将他们仅有的几辆坦克和装甲车部署在主要的进攻路线上,或者作为诱饵吸引进攻的俄军进入伏击区。[16]

车臣武装计划使用的另一种战术是伪装成友好的平民,带领俄军巡逻队或车队进入伏击区。许多车臣人说俄语,身穿俄军军装,进行了许多秘密和欺骗性的活动。面对大量的火炮,车臣人计划"紧贴"俄军部队,保持紧密的接触,限制支援火力或者迫使俄军火力对双方都造成伤害。车臣人还计划在大规模火力打击前迅速转移阵地,而后以学校、医院、教堂被毁为由大做文章。机动力主要依靠民用车辆和卡车运送人员和后勤来实现。对俄军来说,车臣人就像致命的幽灵,难以定位,也更难打击。为协调所有这些活动,车臣人使用手机和现成的收音机建立了一套极佳的通信网络,还支持对俄罗斯通信设备广泛的监听和欺骗。[17]

进兵

俄罗斯对车臣的干预始于 1994 年 11 月 20 日的空袭。俄罗斯空军空袭了格罗兹尼周围的机场,摧毁了地面的车臣飞机。整个共和国的机场、桥梁、主要道路和城镇都被炸毁,为即将到来的地面入侵做准备。由于完全控制了领空,俄军飞机能够任意开展攻击。[18]

尽管日益恶化的天气会阻碍在崎岖的地形上的行动,叶利钦命令地面进攻于 12 月 11 日开始。攻击部队从三个方向进入车臣,他们的目标是在尽可能短的时间内到达格罗兹尼。北路部队从莫兹多克前进,西路部队从弗拉季高加索和别斯兰通过印古什,东路部队从达吉斯坦进入。攻击部队中,空降部队走在前面,其他部队跟进,内务部队在后面。米-24 直升机和苏-25 强击机在空中盘旋支援,但冬季天气限制了它们的可用性和效能[19](地图 21)。

地图 21　1994 年至 1995 年俄军进攻路线

令俄国人吃惊的是,他们遭遇了顽强的抵抗。没有正正之旗的常规战斗。相反,车臣人用大量的反坦克武器埋伏在通往格罗兹尼的森林和山丘上攻击俄军行军纵队。他们最喜欢的目标是后方梯队和内务部部队。这种攻击的目的是为了拖延俄军到达格罗兹尼的时间,给车臣武装分子有时间来准备城市的防御。正是在那里,杜达耶夫认真地计划与俄国人作战。抵抗是成功的,因为俄军直到 12 月的最后几天才到达格罗兹尼郊外。到 12 月 31 日,俄国人终于从东、西、北三个方向合围了这座城市。俄军加紧空袭和炮击,下一阶段的行动即将开始。随着邻近地区增援部队的到来,俄军总兵力达到约 38000 人、230 辆坦克、353 辆装甲运兵车和 388 门火炮。根据俄军匆忙制定的计划,将沿着四条轴线朝市中心作向心攻击。与此同时,两个特种作战群由直升机部署,负责监控城区以南的车臣后方地区。[20]

元旦来临标志着俄军开始对格罗兹尼进行地面进攻;很快,俄军的此次计划和进攻变成了一场灾难。为了迅速占领这座城市的关键点,俄军出动了装甲部队,希望他们进攻的规模和速度能让守军感到震惊,从而投降或逃跑。没有使用徒步步兵来保护坦克和装甲车辆,因为这样会减慢前进的速度。这种有意展示实力的做法,效果恰恰相反。

车臣武装的防御战略和战术效果超出了预期。小分队使用 RPG-7 和手榴弹摧俄军车队的头车和尾车。一旦车队被困,纵队里的车辆就被一个接一个地攻击和摧毁。沟通不畅且缺乏城市作战训练注定了俄军士兵的命运。除了一支部队外,俄军所有的进攻部队都很快被挡住了去路(地图 22)。

只有列夫·罗赫林(Lev Rokhlin)中将指挥的东北路部队到达了总统府和车臣总部附近的市中心。独立第 131 摩步旅(也被称为"迈科普"旅)穿过城市占领了火车站,几乎没有遇到抵抗。士兵们被表面上轻而易举地胜利所鼓舞,却没有意识到俄军在其他地方的灾难,他们把坦克和 BMP 装甲车停在空旷的市中心,四处转悠。该旅的其他人员仍然作为后备部队停在一条窄街上。在挡住了俄军在格罗兹尼其他地区的进攻后,车臣人聚集在火车站并包围了它。和以前一样,他们摧毁了窄街上俄军车队的头车和尾车,把剩下的装甲部队困在狭窄的街道里。在包围圈中,俄军坦克无法做出有效

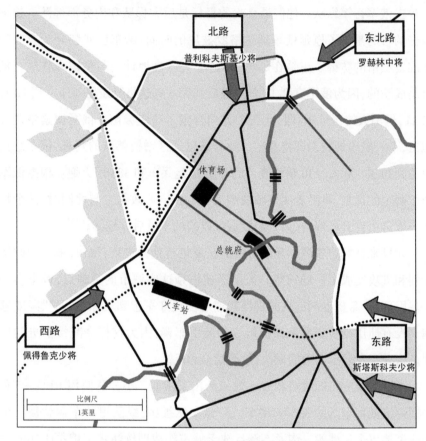

地图 22　1995 年 12 月 31 日俄军进入格罗兹尼

的反应,因为它们的主炮俯角有限,无法打击地下室里的目标;仰角也有限,无法打击屋顶上的目标。俄军完全丧失了机动性,使得车臣人能够用火箭筒和手榴弹从上到下有系统地摧毁这个部队。旅指挥官伊凡·萨温上校(Ivan Savin)疯狂地请求增援,但援军始终没有到来。在接下来的两天里,独立第 131 摩步旅损失了 26 辆坦克中的 20 辆和 120 辆步兵战车中的 102 辆。1000 名士兵中,超过 800 人阵亡,其中也包括萨文上校,另有 74 人被俘。该旅的残余部队在 1 月 3 日撤退,留下了尸体和被烧毁的坦克和车辆残骸。俄军在第一天的战斗中伤亡总数超过 2000 人。[21]

可怕的损失迫使俄军撤出格罗兹尼并重新收拢部队。现在是评估和调整战术的时候了。一个基本的事实是显而易见的：夺取格罗兹尼意味着要展开逐楼逐层的战斗。为了做到这一点，俄军将他们的进攻队形编组为若干营级规模的攻击分遣队，以徒步的步兵为核心。坦克和装甲运兵车仍然参战，但起着辅助作用。坦克是提供直接火力支持，打击敌人的据点，用以协助封锁地区，并击退对手的反击。当部队运动时，坦克在步兵身后，处于敌人反坦克武器的有效射程之外。为了提高车辆的生存能力，装甲车辆上安装了金属网和栅栏。由于俄军坦克的主炮身管和同轴机枪俯仰射界都有限，ZSU-23-4型多联自行高射炮在进攻队形中位于前列，与屋顶和地下室的目标交战。[22]

俄军在1月3日发起了新一轮的进攻，在接下来的20天里，俄国人和车臣人争夺街道。在大规模火炮和空中轰炸的掩护下，俄军地面部队向前推进。随着车臣人退守纵深，进攻并没有达到预期的效果。双方的伤亡人数都很高，对这座城市的附带损害也很大。这种猛烈的炮火往往适得其反，因为炮击令当地居民开始反对俄罗斯人。这场战斗暴露了俄军最初计划的不足之处，因为车臣人并没有通过通向南部的开放走廊撤退，而是利用它向格罗兹尼输送增援部队和后勤物资。由于地图不详细或根本没有，通信质量低劣，俄军部队的态势感知能力很差。战斗分界线不清晰，部队往往不知道友邻的位置。误伤是很常见的，当一个单位前进时，经常暴露侧翼或受到侧击，因为友邻没有处在提供支援的位置。更雪上加霜的是，车臣人通过定位，消灭了大量俄军无线电报务员。[23]

血腥的战斗使俄军士兵感到震惊和沮丧，使许多人处于哗变的边缘。俄军发现自己陷入了一场与全体车臣人的战争，而不是简单地解除反叛组织的武装。俄罗斯记者的报道常常与莫斯科的官方声明相矛盾，公众对这一行动的支持也随之瓦解。西方记者在现场进行了报道，引来国际社会对俄罗斯的谴责。俄军士兵面对的敌人看不见摸不着，而平民也以同样狂热对待他们,这使俄军士气持续低落。[24]

　　同所有城市战一样,战斗是立体的,选择武器和战术至关重要。在俄军最初进入城市的时候,RPG-7 是摧毁装甲车队的主要武器。虽然 RPG 在交战双方的部队中都扮演着关键角色,但狙击手在战争的这个阶段更加出彩。俄军和车臣武装都广泛使用狙击手,并褒扬他们的战功,尽管车臣狙击手通常更有效率。狙击手很容易在队伍中制造恐慌,消灭军官和关键人员,阻止或减慢俄军车队的速度,或迫使车队走不同的路线。俄军通常会在这种备选路线上中埋伏。由于许多车臣叛军穿着平民服装,俄军检查点不得不通过查找武器后坐力造成的擦伤以及脸上和小臂的火药灼烧痕迹来甄别狙击手。[25]

　　单兵便携式"什米尔"火箭筒是俄军手中的一种有力武器。它的温压战斗部在近距离范围内是毁灭性的,其威力通常可与 122 毫米炮弹相提并论。它的射程为 600 米,在格罗兹尼战役中,它能够迅速攻击几乎任何目标。俄军还广泛使用改进型 RPG-7 发射的"苍蝇"型手榴弹。这种武器的温压弹头对付隐藏在狭小空间内的人员极为有效。由于通信不畅加上车臣人保持着贴近俄军的战术,俄军很难实施火力支援,而这两种武器都被用作支援火炮的替代品。[26]

　　车臣人继续进行顽强的抵抗,但也无法无限期地坚持下去。俄军猛烈的火力最终把车臣人赶到了南方。1 月 18 日晚,车臣总统府遭到两枚钻地弹的袭击,炸毁了几层楼,迫使格罗兹尼的战术指挥官阿斯兰·马斯哈多夫及其幕僚将指挥所转移到了孙扎河南岸的一家医院。1 月 19 日,俄罗斯军队攻占了总统府。1 月 20 日,叶利钦宣布在车臣的军事行动阶段基本完成,内务部负责重建法律和秩序。[27]战斗还没有完全结束,但到 1 月 23 日,俄军部队设法封锁了通往该市的南部通道,并在格罗兹尼切断了残余的车臣武装人员。车臣人仍然控制着这座城市的东南角,但时间并不长。猛烈的空袭和炮击雨点般落在城市,沙米尔·巴萨耶夫被迫从格罗兹尼撤回他的大部分士兵。3月7日,俄国人终于宣布完全控制了这座城市[28](地图23)。

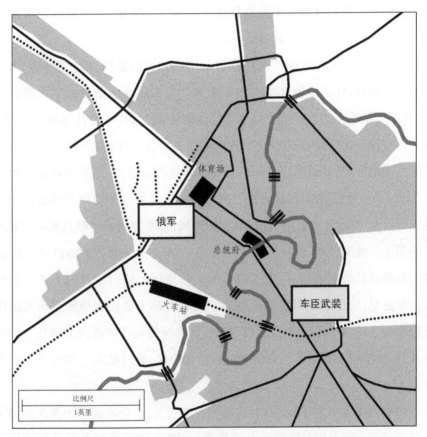

地图 23　1995 年 1 月 20 日至 3 月 13 日局势

拿下格罗兹尼之后

格罗兹尼战役的代价格外高昂,平民伤亡惨重。车臣武装的损失目前还不清楚,但俄罗斯官方公布的格罗兹尼战役死伤人数为 1376 人,408 人失踪。俄军损失了超过 200 辆坦克和装甲车,同时折损的还有俄罗斯军队的威望和骄傲。然而,法律和秩序的重建对格罗兹尼来说既不容易也不迅速。

恐怖袭击仍在继续，尤其是在夜幕的掩护下。平民们并不愿意拥护新成立的亲俄政府。新政府在几乎是在被孤立的情况下运作，由于俄罗斯军队的存在才得以在军事设施中避难而幸存下来。[29]

俄罗斯最高统帅部继续执行计划的第三和第四阶段，即把敌对的车臣武装赶到农村，然后迫使其越过山区南逃。为了重演在格罗兹尼重演的成功，车臣人延续了之前的作战策略，如沙利和阿尔贡，一直战斗到山脚下。他们希望这一策略能够抵消俄军的空中和地面火力优势，并使车臣武装人员融入当地居民，从而迫使俄军进入狭小的城镇地形，在那里很难区分战斗人员和平民。严重的附带伤害又一次帮助车臣武装分子获得当地居民的普遍支持。到1995年5月底，经过数周的激战，俄军控制了车臣共和国三分之二的领土。然而，俄军无法完全镇压叛乱。1996年3月，约2000名车臣武装人员渗透到格罗兹尼，占领了该市的大片地区。他们的目的不是长期控制格罗兹尼，而是要证明亲俄政府和它的主人都无法控制局面。面对国内支持率的下跌，叶利钦提出了和平方案，以确保他在当年夏天的连任。1996年8月，俄罗斯人签署了一份屈辱性的停火协议，暂时结束了冲突[30]（地图24）。

1996年8月6日，就在叶利钦就职的前三天，车臣武装分子再次袭击了格罗兹尼。在沙米尔·巴萨耶夫的带领下，超过1500名武装分子渗透进了这座城市，占领了关键地区，并对驻扎在全市各地的1.2万名俄军士兵展开袭击，还包围了阿尔贡和古杰尔梅斯的俄罗斯驻军。俄罗斯立即对这一威胁作出反应，大规模地、不分青红皂白地使用火力回击。两天后，俄军组织装甲部队，以救援被围困的驻军。1995年1月1日的一幕重演了，这些部队一头扎进车臣武装的埋伏中，被RPG-7火力摧毁。8月9日，交战双方开始谈判，再次停火。后来通过会谈达成了《哈萨维尤尔特协议》，所有俄罗斯军队撤出车臣。[31]

第四章 闯入地狱:格罗兹尼,1995

地图 24　1995 年后续夺占其他城市作战

反思

俄军出兵格罗兹尼的失败,为一些分析人士和军事领导人提供了依据,他们认为坦克和装甲车不适合在城市地区作战。尽管俄军在人员、武器和火力上拥有压倒性的优势,但他们耗费近三个月的时间才拿下格罗兹尼,又花了几个月的时间才在车臣共和国的其他地方宣告同样的胜利。车臣武装的顽强抵抗和俄军的严重损失,对未来 10 年的军事规划产生了实质性的影响。只有鲁莽的指挥官才会将他的装甲部队投入巷战。

俄罗斯对这次行动的筹划显然是不充分的,而且是基于一些错误的设想。决策者过于乐观地评估了俄罗斯军队威胁车臣人解除武装或实施作战的能力以及备战程度。叶利钦只给了俄罗斯军队两周时间来计划如此大规模的行动,也许从一开始就注定了这次行动的失败。根本没有足够的时间进行适当的参谋分析和信息沟通。俄军几乎没有时间准备装备、训练和集结。考虑到其中有些部队为了参战而长途跋涉,他们的全部时间很可能都花在了行军上。这是完全是一场"召之即来"的战争。部队之前的战备状态、训练水平是什么样,投入战斗时就是什么样,并且还常常因为机械故障而更低。[32]

1994年,俄罗斯军队只是冷战时期苏联红军的影子。存在长期的人力短缺,由于生活条件恶化和工资低且不稳定,士气低落。许多部队只是个架子。基于二战的经验,俄军对城市作战有自己的一套理论,但多年来,他们很少或根本没有接受过城市作战方面的训练。经费短缺妨碍了部队的培训,两年来没有进行过师级以上的演习。同时长期缺乏车辆零部件和器材。[33]

这种不安情绪蔓延到各个阶层。许多没有受过良好训练的义务兵在他们的基本训练之外并没有开过枪。事实上,有些士兵甚至还没有完成他们的入伍训练。许多坦克和装甲车的乘员不熟悉他们的装备,所有人都对城市地形中复杂的合同战斗毫无准备。当他们投入战斗时,这些单位的临时编组性质,决定了他们没有作为一个团队一起训练过。由于城市里的战斗通常是排级以下规模的,这是一个灾难性的组合,特别是面对一个狡猾而坚定的敌人。俄罗斯军方的普通士兵被告知,他们被派往车臣,只是为了解除非法组织的武装,建立法律和秩序。对他们来说,遇到车臣人顽强而决死的抵抗是相当令人震惊的。士气持续低落,沮丧情绪快速转变为俄罗斯公众的反战情绪。[34]

俄罗斯拥有的各种步兵战车虽然比西方的同类武器更轻,但大多数分析家对其给予了很高的评价。T-80和T-72坦克被认为与西方同等装备持平;由于装备了先进的装甲,它们能够承受猛烈打击。但是,格罗兹尼之战暴露了俄罗斯装甲车辆的一些缺陷。坦克不能充分地压低或抬高主炮来对付地下室或建筑物内和屋顶的目标。顶部和后部的装甲防护相对薄弱,RPG-7和反坦克地雷很有可能击穿这些部位。在狭窄的街道,长身管的125毫米主炮的旋转受限,这使得主炮基本上只能对正面射击。显然,俄罗斯坦克的设计初衷是在开阔的野外作战,而不是在大城市里。值得赞扬的是,许多坦克在被摧毁之前都承受住了RPG的多次打击。然而,当头车和尾车被摧毁时,即便优秀的坦克和乘员也成了固定靶,几乎没有能力还击。步兵战车也是一样,只是它们的装甲无法承受同等的打击。[35]

由于未能迅速占领格罗兹尼,俄军又恢复了他们攻占城区的传统战术。他们不关心附带损害或平民伤亡,成体系地使用大规模的炮击和空袭,把城市完全夷为平地。这种火力的运用最终克服了通信、情报、部队协调等方面的困难,并解决了俄军面临的一系列其他问题。

格罗兹尼的教训对任何想在城市环境中使用装甲部队的人来说都是发人深省的。然而,这并不是对坦克在城市街道上作战能力的公平测试。如果俄罗斯人遵循使用合同兵种的基本原则,并进行适当的通信和控制,结果可能会大不相同。这场战斗强调了对全体乘员和部队进行全面的兵器、战术和条令训练的必要性,以使他们能够有效地运用。格罗兹尼之战实际上是城市中装甲兵运用史上的一个特例。如果俄国人正确地使用和支援他们的装甲兵,结果可能会大不相同。

参 考 文 献

[1] Timothy L. Thomas,"The 31 December 1994-8 February 1995 Battle for Grozny," in Block by Block: The Challenges of Urban Operations, ed. William G. Robertson (Fort Leavenworth, KS: U. S. Army Command and General Staff College Press, 2003), 161. Pontus Sifen," The Battle for Grozny," in Russia and Chechnia: The Permanent Crisis, ed. Ben Fowkes (New York: St. Martin's Press, Inc., 1998), 90-92.

[2] Thomas,163-164. Sifen,100 - 101,116. 1991年爆发的一场动乱导致车臣共产党领导人扎夫加耶夫(Doku Zavgayev)被驱逐出境,杜达耶夫将军趁机上台。1991年10月,杜达耶夫当选车臣领导人。1996年,他被一枚俄军导弹炸死。

[3] Olga Oliker, Russia's Chechen Wars, 1994-2000: Lessons from Urban Combat (Santa Monica, CA: RAND Corporation,2001), 9-10. Thomas, 167.

[4] Oliker,9.

[5] 同上,10-11.

[6] Thomas,162.

[7] Thomas,165. 托马斯在这篇关于格罗兹尼战役的佳作中列出了各类参战部队。Oliker,23. Anatol Lieven, Chechnya: Tombstone of Russian Power(New Haven, CN: Yale University Press, 1998), 102-103. 缩写MVD代表俄罗斯联邦内务部(Ministerstvo Vnutrennikh Del)。

[8] Richard Simpkin. Red Armour: An Examination of the Soviet Mobile Concept (Washington, DC: Brassey's Defense Publisher, 1984), 37, 51-52. Steven J. Zaloga and James W. Loop, Soviet Tanks and Combat Vehicles, 1946 to Present (Dorset, England: Arms and Armour Press, 1987), 65-69.

[9] Zaloga,97-103. BMP有3名乘员,可搭载8名步兵。BTR和BMP系列都是两栖车辆,但在此战中没有发挥这种性能。

[10] Sifen,118,122. Thomas,173. Oliker,6-9. 苏联人过去曾使用压倒性力量在不造成重大伤亡的情

第四章 闯入地狱：格罗兹尼，1995

况下成功地弹压民众。1956年匈牙利的动乱，1968年捷克斯洛伐克的动乱，甚至20世纪80年代莫斯科的动乱都很快被武力宣示所平息。俄罗斯人可能认为他们能够复制过去的成功案例。

[11] Lieven, 100. 在即将到来的战斗中，俄罗斯人只能使用手绘地图，或者根本不用地图。

[12] Oliker, 11-12, 16. Si fen, 120-121. 军方领导层出现了分歧，很多军官最多也只是持怀疑态度。北高加索军区司令阿列克谢·米秋金（Aleksej Mityukin）大将和军区副司令爱德华·沃罗比约夫（Eduard Vorobev）大将都拒绝指挥这次战役。两人都对胜利没有十足的信心。

[13] Oliker, 16-17. Lieven, 109. 造成统计困难的情况是，相当数量的车臣人在俄军到来时拿起武器，但在俄罗斯人离开后又恢复了正常的生活。俄罗斯人声称，数千名来自阿富汗的武装分子加入了战斗。一些特别不靠谱的报告声称有些身着白色紧身衣的女狙击手来自波罗的海国家。参见 Carlotta Gall and Thomas de Waal, Chechnya: Calamity in the Caucasus (New York: New York University Press, 1998), 188, 205-206. 该消息来源称约有1000名车臣战士参加了格罗兹尼的战斗。

[14] Thomas, 165. Oliker, 17. Gall, 173-174. 有记载声称有大约40至50辆T-62和T-72坦克。这一数字可能包括在先期战斗中被缴获的坦克或在乡村和山区活动的车辆。俄罗斯人似乎也夸大了他们估计的数字，这在评估一个捉摸不定的敌人时很常见。车臣坦克在战争中没有发挥重要作用。他们要么被击毁，要么被落石砸中不能动弹，要么干脆被遗弃。

[15] W. Scott Thompson and Donald D. Frizzell, The Lessons of Vietnam (New York: Crane, Russak & Company, 1977), 176. Thomas, 187-188. AK47步枪在300米的距离上基本无效，但在100米距离上是一种非常好的武器。这是一种简单且易于操作的步枪，在近距离战斗中非常有效。

[16] Lieven, 109. Thomas, 171.

[17] Oliker, 18-19, 20. Thomas 190-191. 车臣武装参谋长阿斯兰·马斯哈多夫在总统府的地下室里指挥了格罗兹尼防御战。互联网也被广泛用于向外界募集资金和援助。杜达耶夫和其他领导人利用移动电视台压制了俄罗斯的广播，并以此传递信息。

[18] Oliker, 15.

[19] 同上, 15-16. 空降部队乘坐的是BMD战车（BMP的一种改型）以及卡车。据估计，有五分之一的俄军车辆在陆路跋涉中发生机械故障。俄军直升机的夜视能力有限，导航设备也很简陋。大多数飞行员年均飞行时间不到30小时。

[20] Gall, 173-174. Lieven, 103. 新的援军包括陆军部队；来自太平洋、北方和波罗的海舰队的海军步兵（海军陆战队）；以及内务部的部队。"阿尔法"（Spetsnaz）是俄罗斯的特种部队。

[21] Thomas,169-170. Oliker,13-14. Lieven,109-111. 与此同时,在城市南部的"阿尔法"小队在断粮数日后向车臣人投降。杜达耶夫也把总部搬到了格罗兹尼以南16英里的沙利。

[22] Oliker,24-26. Thomas,177. Lieven,111. 俄罗斯人根据他们在第二次世界大战中的经验,编组了一些突击群。效果却令人失望,主要是因为仓促组建的部队无法高效协同。

[23] Gall,207. Lieven,111-112. 此时,车臣人取得了一次重大胜利,一枚迫击炮弹炸死了维克托·沃罗约夫少将。据俄罗斯杜马人权事务专员、叶利钦总统的人权顾问谢尔盖耶夫估计,平民死亡人数约为2.7万人。俄联邦移民服务局估计,流离失所者人数为26.8万人。

[24] Thomas,173,176-177. Sifen,126,132. Gall,174-175,177. 传言有俄军士兵拿武器向叛军换酒喝。劫掠也很猖獗。

[25] Oliker,20-21,23. Lieven,114. Thomas,178.

[26] Thomas,190. Oliker,26.

[27] Oliker,27. Lieven,120.

[28] Thomas,180,182-183. Gall,213-214,217,225. 内务部副部长阿纳托利吉·库利科夫上将被任命为车臣地区俄联邦合成部队的指挥官。

[29] Sifen,130. Oliker,28.

[30] Gall,242,249. Oliker,28. Lieven,123.

[31] Oliker,29. Gall,265,271,276-277.

[32] Thomas,173.

[33] Oliker,14. Sifen,123-124. 没有一个战斗单位的兵力超过其编制实力的75%。大约有70个师的兵力还不到他们编制实力的50%。

[34] Thomas,173-174,188. Oliker,8. Sifen,123-124. 普通的俄罗斯士兵既缺乏文化常识,也没有城市作战的主动性。俄军大多数新兵都在陆军,因为他们别无选择,而且正焦急地等待着复员回家。此外,在冲突期间有大量与战斗应激反应相关联的伤亡。参见 Lester W. Grau and Timothy Thomas, Russian Lessons Learned from the Battles for Grozny(Fort Leavenworth,KS:Foreign Military Studies Office,2000). 此文献详细介绍了战后应激反应的问题。

[35] Lester W. Grau, Russian-Manufactured Armored Vehicle Vulnerability in Combat:The Chechnya Experience(Fort Leavenworth,KS:Foreign Military Studies Office,1997). 这项简短的研究项目检查了火箭弹命中的部位,并强调了俄军在车臣关于装甲兵使用方面的缺点。一些被摧毁的俄军坦克被火箭弹击中超过20次。

第五章

鏖战费卢杰,2004 年 11 月

2003 年美军攻占巴格达之后,地处"逊尼派三角"核心区域的费卢杰仍然是这个国家最动荡的地方。针对占领军以及与过渡政府和联军合作的伊拉克人的骚乱、谋杀和爆炸每天都在发生。几个月时间里,当地的伊拉克警察和领导人无力平息局势,但基于他们所做出的局势正在好转的保证,美军只是偶尔进入城区。与此同时,抵抗力量趁着统治力量薄弱,在伊玛目和族长们的煽动下发展壮大。[1]

早在古巴比伦时代,费卢杰就是巴格达向西的沙漠道路上的一个主要站点。其位于巴格达以西 43 英里(约 69 千米)的幼发拉底河边,属于安巴尔省管辖。在 1947 年之前,这里还只是一个无足轻重的小镇,随着工商业的发展,其人口不断增长,到 2003 年人口已达 35 万。费卢杰城区占地约 3 平方千米,由 2000 多个街区组成,这些街区主要由院墙、出租屋、两层水泥建筑构成,并被一条条脏乱的小巷分隔开。城区大体上呈网格状,只有少数宽阔道路,六车道的 10 号公路穿城而过。公路以南地区多为废旧厂房,以北地区为相对广阔的住宅区。如同许多当时的伊拉克城市一样,居民区内遍布烂尾房、垃圾堆和废旧车。讽刺的是,萨达姆政权推行的新公路网恰恰绕过了费卢杰,该城市的重要性和人口数量都呈下降趋势[2](地图 25)。

费卢杰城内有 200 多座清真寺,是该区域逊尼派穆斯林的重要中心,并

地图 25　伊拉克共和国

且在萨达姆时代,当地民众对阿拉伯复兴社会党较为支持。大多数居民信奉极端的瓦哈比教派,传统上敌视一切费卢杰以外的外人。这座城市在伊拉克以保守闻名,始终坚持古兰经的传统。在萨达姆政权倒台、伊拉克军队解体之后,超过 70000 名失业者流落街头。由于没有工作,前途未卜,面对积极抵御美国占领军的号召,许多人容易受到影响。后来估计,超过 15000 伊拉克人响应了号召。[3]

美军第 82 空降师是首个被派往费卢杰及其周边地区执行任务的部队。空降兵们散布在广阔的地域,在平息动乱方面没有实质性进展。随后,在

2003年5月,该师就被第3装甲骑兵团的一支200人的应急分队取代,但还需要更多部队。于是就调来了第3步兵师(机械化)第2旅。运用"胡萝卜加大棒"的手段,敌对行动有了显著减少,但费卢杰仍然是一个动荡而危险的地方。不幸的是,在"胡萝卜"方面,即有利可图的合约项目和解除宵禁等措施,抵抗组织对此的回应常常是进一步的袭击,而第2旅针对私藏武器和重要人犯进行的大规模扫荡,则证明"大棒"更为有效。该旅的重装力量震慑了当地居民,暴力活动也显著减少。同时,为安抚民众而开展的基础设施重建工作也取得了不同程度的进展。[4]

自越南战争以来,美国陆军还没有遇到过像费卢杰抵抗分子这样的对手。他们没有统一制服,很容易混在平民之中。他们在自己的家乡活动,没有传统意义上的训练营、基地等设施可以作为目标。指挥控制也较为模糊,因为没有什么指挥通信链路可以拦截或利用。战争遗留下的许多武器和爆炸物,随时可以用于武装新兵和组装简易路边炸弹。瓦哈比的伊玛目,煽动抵抗组织把他们认为的异教徒侵略者或与之合作的伊拉克人赶走。许多清真寺被抵抗组织用于存放武器和爆炸物,成为了他们的根据地。宗教狂热、高失业率带来的闲散人口,加上对占领军的仇恨,使得抵抗组织招兵买马十分容易。并且抵抗分子有勇有谋,是十分可怕的敌人[5](地图26)。

2003年8月,第2旅调离费卢杰,第82空降师505空降步兵团1营前来接防。虽然抓获了一批抵抗组织重要头目,起获了大批武器和爆炸物,但该城的局势并没有真正好转。特别是在2004年2月抵达的伊拉克国民警卫队两个营,试图遏制抵抗组织的努力遭到了失败。他们到达后2天,抵抗组织发动了大规模袭击,捣毁了中心警察站,也毁掉了国民警卫队的声誉。随后,这两个营就灰溜溜地撤离了。第82空降师所部驻扎期间,在平息局势方面也没有很大作为。即使是在12月13日萨达姆被抓获后,局势也没有缓和,并且抵抗力量显得更加强大了。[6]

2004年3月初,海军陆战队第1远征部队接替了第82空降师在安巴尔

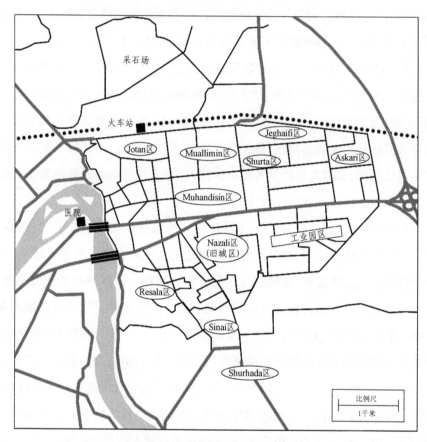

地图 26　2004 年费卢杰城区及其区划

省的防务。不同于陆军部队侧重于强力搜剿行动，陆战队试图将重点放在运用其在国家建设方面的经验来赢得民心。陆战队希望能够通过与费卢杰民众互动来改善局面。

抵抗组织不为所动。抵抗分子在传单上将陆战队戏称为"阿瓦提"，这是一种当地的软甜点。袭击反而升级。高潮出现在 2004 年 3 月 31 日，4 名美国军事承包商在费卢杰被伏击，他们烧焦的尸体被吊在附近的一座桥上示众。这一幕通过电视画面轰动了全球。[7]

作为对 4 名承包商被残害的回应，美国海军陆战队和联军部队在 2004

年4月4日发动了"警惕决心"行动。行动的目标是平定和震慑在安巴尔省特别是费卢杰的暴力分子。进攻方出动了4个营突入城区,另有2个营负责建立外围封锁线。在实施精确空袭和炮击之后,陆战队员将扫荡城区。陆战队的高级军官不想采取太过激烈的手段,他们害怕造成重大破坏和平民伤亡,不利于实现维护城市稳定的长期目标,但他们的想法被否决了。于是陆战队开始进攻费卢杰。

4月9日,激烈战斗持续了5天之后,费卢杰的陆战队和联军部队就接到命令停止进攻,转而与行政委员会、费卢杰市领导人和抵抗分子代表展开谈判。谈判的结果是,伊拉克政府将向城区运送更多的物资,之前因美军陆战队包围而关闭的费卢杰总医院重新开放。陆战队撤离市区,将防务移交费卢杰旅。该部队是一支轻装部队,士兵来自前伊拉克军队,由前共和国卫队贾西姆·默罕默德·萨利赫(Jassim Mohammed Saleh)少将指挥。这支匆忙拼凑起来的部队完全失败了,费卢杰的局势再次失控。随后的几个月,美国海军陆战队将城市严密包围,试图维持局势。[8]

接下来的夏秋两季,抵抗分子抓住机会招募人员储备给养。费卢杰已经成为抵抗力量的象征,让伊拉克过渡政府十分难堪;同时,联军部队似乎无能为力。耐心都已经被消磨殆尽。城市领导人和居民不断收到预警,联军要展开大规模突袭,但这些预警都被忽视了。人们大多认为,突袭将在11月6日美国大选落幕后发动,人们的这种想法是正确的。10月30日开始,作为一种预警,市内一些特定目标遭到空袭和炮击。在巴格达附近,英军的苏格兰黑卫团(Black Watch Regiment)接替了预定参加行动的美军的防务。11月5日,费卢杰的电力供应被切断,同时美军空投了传单,建议市民待在家中,不要使用车辆。11月7日,伊拉克政府宣布,在全国大部分地区实施为期60天的紧急状态。得到上述预警之后,75%~90%的费卢杰居民逃离了城区。[9]

联军部队

部署在费卢杰外围准备进行突袭的部队由美国陆军和海军陆战队组成,并有美国陆军和陆战队、海军、空军的航空力量提供支援。此外,伊拉克地面部队也将执行有限的任务。行动总指挥由海军陆战队约翰·F. 赛特尔(John F. Satter)中将担任,赛特尔将突击部队编为2个团级战斗队,每个团级战斗队队配属2个伊拉克营。行动投入的总兵力约为10000名美军,2000名伊拉克军。[10]

第1团级战斗队(RCT-1)的任务是费卢杰西区,编有3个营,即陆战队第3团第1营和第3团第5营,第2团第7装甲骑兵营。第7团级战斗队的任务是东区,由陆战队第1团第8营、第1团第3营和陆军第2团第2机械化步兵营组成。除陆军的装甲营外,每个团级战斗队还配属1个陆战队坦克连。这些M1A2坦克向下加强至连级单位,伴随陆战队步兵提供直接支援。第1骑兵师第2旅级战斗队(2BCT)部署在城市外围,封锁进出费卢杰的交通线,另有1个伊拉克营负责支援。[11]

参战部队的官兵多数为参加过2003年伊拉克战争的老兵,具有丰富的城市作战经验。行动前,为磨练技能,这些部队进行了训练和预演。美军部队拥有现代化的装备,包括先进的夜视镜、夜视仪和通信器材。行动的重型打击力量有M1A2"艾布拉姆斯"主战坦克和M2A3"布雷德利"步兵战车。陆战队也出动了AAV-7A1两栖攻击车,但通常将其用作重型武器平台。

这一时期,美军装甲部队的中坚力量是M1A2"艾布拉姆斯"主战坦克。该坦克最初设计于20世纪70年代,经历了一系列改进,最终成为全球最为经典的装甲车辆。此次行动之前,M1A2经历过1991年海湾战争,并在2003年伊拉克战争中充当了进军巴格达的急先锋。在这两场战争中,它的表现远远强于苏制 T-55 和 T-72 坦克。其具备极强的杀伤力,并且能够在严重战损的情况下持续作战,令人生畏。M1A2"艾布拉姆斯"坦克全重超过 60 吨,但其燃气涡轮增压发动机使之能够迅速加速至每小时 30 英里(约 48 千米/小时)的越野速度。其主武器为一门 120 毫米滑膛炮,能够在 3000 米距离射击并摧毁目标。辅助武器包括一挺 7.62 毫米同轴机枪和另一挺同口径装填手位置的机枪。车长小炮塔位置还装有一挺 12.7 毫米重机枪。该坦克的一大特色就是其稳定系统能够使主炮在运动中射击,并且其先进的火控系统能够在 3000 米距离精确射击。热成像仪使其能够在夜间、烟尘和低可视度情况下射击。部分 M1A2"艾布拉姆斯"坦克还进行了系统增强组件升级,优化了火控系统,加装了数字化通信部件和计算机地图显示仪。[12]

M2A3"布雷德利"履带式步兵战车主要用于搭载步兵投入战斗,同时利用车载的各种武器提供支援和火力掩护。其车组成员为 3 人,可搭载 6 名全副武装的步兵。在 1991 年的海湾战争中,M2A3 是一种可靠有效的车辆,此后,它经历了一系列升级,包括装甲、火控和通信等方面。"布雷德利"步兵战车的主武器是一门安装在炮塔上的 25 毫米机关炮,该炮能够发射穿甲弹或高爆弹,射速超过每分钟 200 发。机关炮上还安装有一挺 7.62 毫米同轴机枪,炮塔一侧装有一具双发装填式身管发射光学跟踪有线制导导弹发射架("陶"式)。"布雷德利"步兵战车的外壳原为焊接铝,后来进行了升级,安装了钢甲并预留了反应装甲块的安装位。[13]

参战部队还包括正在组建的伊拉克陆军和安全部队的 6 个营。这些正规军装备了原伊拉克军队标配的 AK-47 步枪和苏制机枪。他们基本没有经历过复杂城市作战的训练,所以他们主要发挥支援作用,在美军突破之后进行扫荡并清理建筑物。伊拉克部队还特别适用于打击盘踞在清真寺里的抵抗分子,因为如果用美军,当地居民可能会产生广泛的敌意。用伊拉克部队,还有助于强化"伊拉克人有能力、有信心稳定并治理好自己国家"的印象。[14]

攻击计划

美军最初确定的行动代号是"幻影狂怒"(Operation Phantom Fury),后来伊拉克总理伊亚德·阿拉维(Ayad Allawi)将这次突袭费卢杰的行动改名为"破晓"行动(Operation Dawn)。这是伊拉克过渡政府为确保对该城市的控制,挽回正在下降的威信,为2005年1月举行的大选创造足够的安全环境而采取的措施。行动的另一个重要目的,就是摧毁抵抗组织,以联军和平民最少的伤亡,尽量消灭更多的抵抗分子。然而这次行动并没有得到伊拉克政府内部的全力支持,并存在影响教派团结的风险,特别是逊尼派。[15]

行动的战术计划较为简单。封锁线已经就位,突击部队将在费卢杰以北集结,在预定区域内向正南方向攻击。这次,美军大胆打破传统,以重型装甲力量为先锋突入城区,步兵和陆战队员紧随其后,提供掩护并清理建筑物。尾随的伊拉克部队将对抵抗分子及其补给站实施进一步的清剿,并根据需要突击清真寺。集结如此大量部队,很难做到悄无声息,因此对南部方向实施了12个小时的轰炸和佯动,将抵抗分子注意力转向南边,以达成出其不意的效果。参战部队将按部就班地行动,彻底搜剿各自区域的抵抗分子。行动可能造成较高程度的附带伤害,但仍要尽可能避免平民伤亡。城区四周的封锁线将阻止敌战斗人员逃离。第一阶段目标是 Fran 线,即横穿市中心的10号公路。当该线以北区域巩固之后,联军部队将继续攻击,向南进至 Jena 线。进至该线后,攻击部队将掉头向北清剿城区。攻击发起时间定为11月7日。[16]

接下来的几个月里,情报单位收集了大量有关费卢杰地区抵抗分子的情况。运用可能的所有手段,包括特种部队、人力情报、无人机和侦察卫星,态势逐渐清晰。掌握了抵抗分子的安全屋、武器藏匿处以及骨干分子的活动规律,并估计出城区活跃抵抗分子的人数。以上信息,包括详细的地图和航拍图片都下发至最基层的指挥员。各级指挥员和部队都充分掌握当面敌人的位置,能够制订出十分详细的行动计划。行动实施期间,上述情报力量迅速转换任务,负责目标获取,在对目标实施有效火力打击方面发挥了重要作用。

11月获取的情报图像显示,在过去的几个月中,抵抗力量已经将费卢杰建成了一个大堡垒。城中的抵抗分子约有3000人,其中约20%是来自国外的伊斯兰武装分子,他们装备有AK-47步枪、RPG-7火箭筒和大量手榴弹、地雷和其他爆炸物。在每栋建筑、每个街口和每个拐角,攻击部队都将遭遇顽强抵抗。恐怖的简易炸弹和诱饵陷阱无疑已经就位。为实施机动,抵抗分子还利用已有的下水道在建筑物之间构筑了地道。据悉,基地组织高级头目、约旦籍武装分子阿布·穆萨布·扎卡维(Abu Musab al-Zarqawi)就在城区,捕获或击毙此人也是行动的重要目标。[17]

实施突袭

"破晓"行动于11月7日正式开始,在空中轰炸和地面炮击开始的同时,地面部队也迅速运动至进攻出发阵地。19时整,伊拉克第36突击营迅速占领了城区西部的费卢杰总医院,同时陆战队第3轻型装甲侦察营控制了医院以南的两座桥梁,以便处置平民的伤亡。主要突击行动紧接着就展开了[18](图27)。

11月8日清晨,陆战队4个营和陆军2个营在宽正面发动了进攻。第2团第7装甲骑兵营和第2团第2机械化步兵营的重装力量率先突入城内。坦克和步战车尽可能地靠近街道的一侧,为另一侧的车辆提供掩护。针对试图伏击车队的武装分子,徒步步兵运用自身的大量自动火器和狙击手扫

106　击碎谬论——城市作战中的坦克

地图27　2004年11月突击部署就位

荡街道两侧建筑,提供掩护。通常,步兵为装甲兵指示敌支撑点的位置,而后使用重火器打击目标。由于坦克的主炮仰角有限,因此一些装甲车辆靠后配置,掩护前方部队,由于距离目标较远,他们比前方的装甲车辆打得更高。火炮、迫击炮和空袭负责消灭那些相对更顽强的抵抗。工兵和装甲车辆强行突破无数障碍物和路障。美国陆军官兵和陆战队员们通常在坦克轰塌墙壁或其他专业兵种用炸药开辟通路后,才进入建筑物内部。训练有素装备精良的美军突入城区,稳步推进,进展还算迅速。截至当天下午,美军已经攻占了火车站,向西进至Dubat区和Naziza区,向东进至Askari区和

Jolan 区。其中在西北方向攻占的一处楼群可以俯瞰市区,配置在这里的武器能够为突击部队提供绝佳的火力支援。伊拉克部队也投入战斗,努力完成任务[19](图28)。

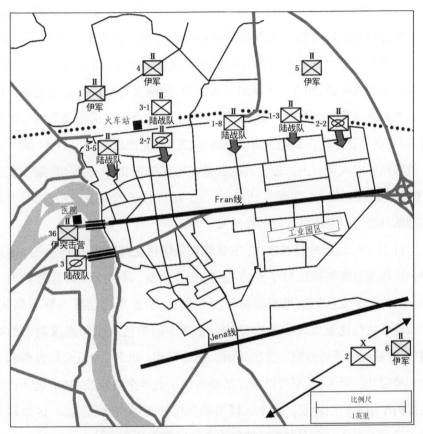

地图28　2004年11月8日对费卢杰的先期突击

显然,抵抗武装从一开始就被美军强大的装甲部队和火力支援的速度和威慑所吓倒。例如,位于费卢杰西郊 Jolan 区,本来估计将有较为顽强的抵抗。情报显示,抵抗分子将最顽强的部队摆在了这里,并且该区域建筑物密集,街道狭窄。后来,这里虽然也有些硬仗,但却没有预期那样激烈——遭遇的都是20人以下的小股抵抗分子,很快就被消灭或者是在强大火力面前败退。许多分析人士认为,这表明很多抵抗分子已经找机会逃离了城区,也可能是前期在南面的欺骗行动奏效了。[20]

11月9日清晨,陆战队越过第2团第7装甲骑兵营和第2团第2机步营发起攻击,将陆军装甲兵甩在了身后,但装甲兵仍做好准备待机而动。陆战队的坦克仍紧随进攻的步兵以提供直瞄火力支援。战斗十分激烈,陆军的坦克和步战车无法满足所有的支援需求。这种情况下,陆战队的步兵只能依靠其建制内兵器,如AT-5反坦克火箭筒、间瞄火力或招唤实施空袭。但也有段时间空袭和炮击都中断了。由于大量的兵力在建筑物密集的城区交战,因此必须暂停攻击搞清友军的确切位置,以免造成误伤。当天,陆军和陆战队已经深入费卢杰。最大的收获是在城区的东北部,在那里,第2团第2机步营进至Fran线,切断了公路,封住了抵抗分子的一条退路,同时为联军部队开辟了一条相对较近的补给线。[21]

11月10日,激战仍在继续,主要战果是伊拉克部队攻占了2座大清真寺。这些地方曾被抵抗分子充作指挥所、补给站、弹药库和简易爆炸物工厂。抵抗分子也从把这里当做避难所和堡垒,从这里出动袭击联军部队。伊拉克部队在这里发现了制作抵抗分子常穿的黑色衣服和面罩剩下的布料,以及抵抗分子的旗帜和处决外国人质的视频。此外,大量武器弹药和补给品被起获。当天,美军可以宣称已经占领了大半个费卢杰,其中包括许多关键的军用和民用建筑。各个区域内的扫尾行动仍在继续,Jolan区被移交给了伊拉克部队。夺占剩余区域的战斗已经箭在弦上。[22]

11月11日,分区攻击清理的策略,已经迫使大多数抵抗分子退入城区南部。联军部队暂时停止进攻进行整补,但清剿行动不停。当天,第2团第7装甲骑兵营和第2团第2机步营重新打头阵,继续越过Fran线发动攻势。这次突击是前一天的翻版。联军预计48小时之内就能占领整个费卢杰,再有大约一周时间就能彻底肃清城区。截至11月11日,至少18名美军和5名伊拉克士兵阵亡,164人受伤。估计击毙600名抵抗分子[23](地图29)。

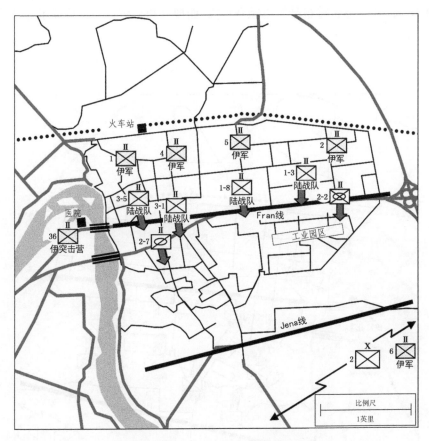

地图29　2004年11月11日费卢杰态势

在联军部队进至南面的 Jena 线之前,激烈的巷战又持续了3天。300多名抵抗分子投降,其中许多是在一座清真寺里投降的。在一些建筑物和清真寺里,数以千计的 AK-47、火箭筒、迫击炮弹和简易爆炸物被起获。但美军还是担心会有一些潜伏分子待突击过后继续出来活动。[24]

11月15日,当联军部队进至 Jena 线时,他们开始掉头向北再次清理建筑物。陆军和陆战队各营以连、排和班为单位分散开来,仔细搜索潜藏的叛军及其藏匿物资处。因为担心流窜的小股抵抗分子设置陷阱,这一过程必须特别小心。随着更多的武器和爆炸物被起获,这些努力没有白费。至11月16日,联军部队宣布已经占领费卢杰,而搜索和扫荡行动又持续了好几周(地图30)。

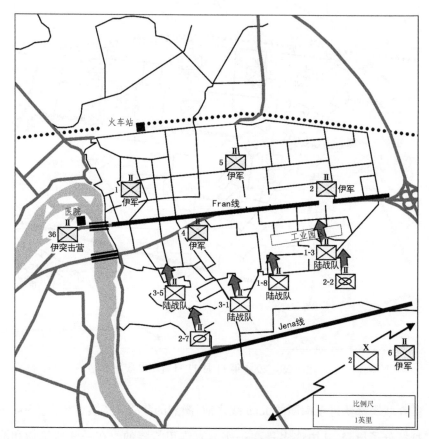

地图30　2004年11月15日费卢杰态势

"破晓行动"造成38名美军死亡,6名伊拉克军人死亡,约1200至2000名抵抗分子被击毙。其中有3例美军死亡是由于非战斗伤害造成的。至少275名美军士兵受伤。抓获抵抗分子1000~1500人。[25]

尘埃落定

美军的这次行动重创了这座城市。很多报道显示,费卢杰60%的建筑物被毁,20%的建筑物被彻底摧毁,60%的清真寺被严重损毁。由于这次行动及其带来的损失,伊拉克的逊尼派被彻底激怒了。叛乱在全国到处爆发,到处都是抗议示威。在1月的选举中,逊尼派的参与度不高,但他们还是被接纳了。但在随后的2005年6月和12月的选举中,逊尼派的参与度都上升了。[26]

伊拉克政府向该地区派出了医疗和建筑队伍,并运来了14车药品和人道救援物资。由于军事行动,他们无法进入市区,于是转往费卢杰周边的乡村,那里有成千上万因躲避战火而无家可归的平民。同时,伊拉克军和美军用扩音器、传单和口头等方式,找寻需要医疗救援的平民。费卢杰总医院也准备就绪可以运转。[27]

12月中旬,费卢杰居民被允许返回家园,漫长的重建工作也随之开始。虽然它仍是抵抗组织的一块飞地,但其力量被大大削弱,而且"破晓"行动宣示了胆敢公开挑战伊拉克政府的城市的下场。[28]

反思

在2004年11月的时候,美军对于城市作战的战术和技术是非常娴熟的。大多数,或者说许多官兵都是参加过2003年伊拉克战争及后续占领任务的老兵。美国陆军和陆战队有现成的城市作战条令,适用于当时情况。陆军官兵和陆战队员有各自不同的风格。陆军部队更讲究战术,但对重装备也不吝使用;陆战队从传统上就依赖其小部队攻击的震撼和威慑,只有在进攻受阻时才会呼唤重火力支援。但是,在本次行动中,两个军种克服了体制性损耗,为共同的目标通力协作。

航空兵和炮兵投射的重火力,形成有效的徐进弹幕,掩护了地面部队的行动,并摧毁了许多抵抗分子的支撑点。在可能的情况下,重要建筑物和清真寺会被保留下来,但如果抵抗分子凭借这些建筑物顽抗,也一样会被坚决打击。精确制导弹药和畅通的通信,确保了美军的火力及时、准确并致命。

考虑到形势的复杂性,"破晓"行动中的情报支援还是十分出色的。各情报机构和平台充分利用之前的几周和几个月时间,清晰地勾画出态势,并将相关情况分发到最基层单位。当战斗打响时,这些情报力量迅速转换任务,获取目标信息并评估抵抗分子的能力和意图。

在此次行动中,伊拉克部队被证明能够与联军部队合作。虽然他们发挥作用有效,但他们还是攻击了一些关键目标(如清真寺),这就避免了出动美军时可能带来的大范围恐慌。在其能力范围内,轻装的伊拉克部队有效地进行了战斗。

如果说抵抗分子希望看到美军像1994年俄军在格罗兹尼那样吃败仗,他们就要失望了。曾经在那里很有效的"无防御式防御"策略,在费卢杰不管用了。美军和伊拉克部队成功地反制了这种战术,他们没有直冲进市中心然后被包围并被一口口吃掉,而是清理并巩固每栋建筑和每条通路,然后再向下一个目标前进。此外,美军和伊拉克部队留有部分兵力断后,防止抵抗分子重新占领已经清理过的区域。对任务区的明确划分,以及畅通的通信也有助于任务成功。

联军在费卢杰胜利的一个关键因素,就是美军装甲兵,即M1A2"艾布拉姆斯"主战坦克的运用。"艾布拉姆斯"坦克在严酷的打击下仍能保持运转。在许多战例中,这些坦克被多发RPG-7火箭弹击中,但都没能击穿其重装甲;即使是大型简易爆炸物也没能击毁坦克。虽然实际数据没有公布,但目前的媒体报道显示,在这次激战中只有2辆"艾布拉姆斯"坦克被击毁。美军运用的战术,弥补了坦克在城市作战环境中的固有缺陷。坦克2辆一组行动,相互提供掩护,而其他组在后边保持一定距离提供支援。相比而言装甲薄一些的"布雷德利"步战车也是这样。陆战队将坦克分散使用,为步兵提供直接支援,凭着这种传统的战术,陆战队对敌军阵地进行了体系破击。相反,陆军参战部队各营采用了一种与以往不同的战术。他们用重型装甲力量作先锋,横穿城区,打乱了敌防御部署。这使得步兵能够快速地进军并清剿各自任务区,确保速胜。

费卢杰之战是一场漂亮的胜仗,在同等规模的城市作战中,其伤亡率之低,是史上罕见的。此役再次证实了重型装甲部队在城市作战中的能力。

参 考 文 献

[1] 在编写本章之际,大量有关信息才刚刚涌现在公众面前。本章的文字和分析,采用了各种部队简报、媒体报道以及少量公开发表的著作。编写过程中没有采用任何涉密材料。

[2] Mike Tucker, Among Warriors in Iraq: True Grit, Special Ops, and Raiding in Mosul and Fallujah (Guilford, CN: The Lyon's Press, 2005), 89-90. Bing West, No True Glory: A Frontline Account of the Battle for Fallujah (New York: Bantam Books, 2005), 13. 安巴尔省是伊拉克面积最大的省,西边与叙利亚和约旦接壤,南边与沙特阿拉伯接壤。安巴尔基本上是沙漠和草原,环境荒芜人烟。夏季最高温度可达华氏115度(摄氏46度)。

[3] West, 13-14. 由于遍布清真寺,费卢杰号称"清真寺之城"。

[4] West, 14-16.

[5] Anthony H. Cordesman and Patrick Baetjer, The Lessons of Modern War, Volume I: The Arab-Israeli Conflicts, 1973-1989 (Boulder, CO: Westview Press, 1990), 30-31, 40, 46. 按照通用术语,这种炸弹被称为"简易爆炸装置"(IED)。

[6] West 26,47-49. Cordesman,72.

[7] West,3-4,51,58.

[8] Cordesman,52,72,356-357. West,258. 此次行动从构想到实施都存在争议。美国媒体将其描述为一场可耻的失败,并且伊拉克政府军的某些营拒绝战斗。仓促编组并武装起来的"费卢杰"旅,仅仅四个月就被撤编。该旅许多士兵加入了抵抗力量。从伊拉克全境来看,重大袭击的数量在一个月中确实下降了,但后来又再次上升。

[9] 费卢杰的居民没有自来水并且担心食物短缺。面对充满敌意的媒体和强大的民主党反对派,布什政府毫无悬念地选择等到大选结束再发动攻势。这一时机的选择,也避开了夏季的高温。

[10] West,258.

[11] West,258-260. 建立严密封锁线的战术在4月份的战斗中没有采用。为了叙述简便,参战的陆军和陆战队都用他们的正式番号指代。实际上,他们都是依据当前作战任务配属了步兵或装甲兵的特遣队。

[12] R. P. Hunnicutt,Abrams:A History of the American Main Battle Tank,Volume 2(Novato,CA:Presidio Press,1990),210,224-225,229,274. 在1991年的海湾战争中,只有18辆M1"艾布拉姆斯"坦克毁于敌手,并且其中一半是由于地雷。在那场冲突中,没有损失一名"艾布拉姆斯"坦克乘员。1993年,只有少数M1A2战损,而地雷仍然是最致命的敌人。1992年以后,许多分析家宣称"艾布拉姆斯"坦克是一种落后的装备,即将退役或被取代。后来证明,他们的结论下得过早了。

[13] Steven J. Zaloga,The M2 Bradley Infantry Fighting Vehicle(London:Osprey Publishing,1986),22-24,33. William B. Haworth,Jr.,"The Bradley and How it Got That Way:Mechanized Infantry Organization and Equipment in the US Army"(Ph. D. diss.,Ann Arbor,MI:UMI Dissertation Services,1998),205-207,213. 伊拉克战争中,超过2000辆"布莱德利"步兵战车参战,只有3辆毁于敌手。"布莱德利"战车发射"陶"式反坦克导弹时必须停车。"陶"式反坦克导弹的有效射程超过3000米。

[14] 按计划,将有超过2000名伊拉克政府军士兵参战,但是有数目不详的士兵在攻击发起前开了小差。

[15] Cordesman,51,85,97. 身为逊尼派伊拉克伊斯兰党成员的工业部长哈吉姆·哈尼桑(Hajim Al-Hassani)退出了政府,以示对此次行动的抗议。

[16] West,258. 根据国际法,清真寺享有受保护地位,但一旦被用于军事目的,就丧失了保护地位。

之前 4 月份的进攻是从南面发起，美军向媒体和伊拉克人暗示，这次进攻也要从那个方向。

[17] West, 257. 简易爆炸装置是联军筹划人员最担忧的威胁。

[18] Cordesman, 104, 359-360. West, 260.

[19] West, 263, 268-269.

[20] West, 270.

[21] West, 284-285, 315. 有证据显示，叛军费卢杰分支的领导人阿布·穆萨布·扎卡维（Abu Musab al-Zarqawi）在当天逃离了这座城市。同时，最主要的逊尼派政党伊拉克伊斯兰党宣布退出过渡政府，并号召抵制即将举行的全国大选。

[22] Cordesman, 104, 359-360. West, 275. 伊拉克军第 3 旅第 5 营夺取了陶非克（Al Tawfiq）清真寺，伊拉克警察应急反应部队和伊拉克干预部队第 1 旅一部占领了许德拉（Hydra）清真寺。一批抵抗分子被抓获并移交至阿布格莱布监狱接受审讯。在城区各处，都有一些持枪的妇女和儿童参战。

[23] West, 282.

[24] Cordesman, 360. West, 293, 305. 11 月 13 日，阿拉维总理宣布费卢杰已被解放。战斗中，一名陆战队中尉被指控向一名他认为装死的受伤抵抗分子射击。媒体争相报道，但这名年轻军官随后被解除了所有指控。军事法庭的裁决认定当时他的行为是自卫。

[25] West, 316. Cordesman, 360. Tucker, 94.

[26] West, 315-317. 这一数字表明，超过四分之一的建筑物和清真寺严重受损。

[27] David L. Phillips, Losing Iraq: Inside the Postwar Reconstruction Fiasco (New York: Westview Press, 2005), 216.

[28] Cordesman, 103. Phillips, 222. 费卢杰的陷落，使逊尼派叛军和恐怖分子丧失了在伊拉克重要的庇护所。

[29] Cordesman, 103.

[30] Jason Conroy and Ron Martz, Heavy Metal: A Tank Company's Battle to Baghdad (Dulles, VA: Potomac Books, Inc., 2005), 169, 267-268. 美国陆军的 M1127 "斯特赖克"战车没有参与此次战斗。根据作者的观点，"斯特赖克"战车的装甲太薄，轮胎无法抵御敌方火力和破片，并且在这样的场景中其机动性极为受限，发挥不了效能。一些来自伊拉克的报道高度评价这种战车及其战斗力，但笔者持怀疑态度。有一些装备"斯特赖克"的部队本来能够参战，但后来没直接参战。他们被用于维持城区周围的包围圈，这种任务更适合他们。

结　　论

　　随着全球城市化趋势的加剧,城市作战这种致命的战争样式,在未来的武装冲突中出现的可能性越来越大。此外,对那些无法在传统层面上对抗拥有先进武器的强大对手的国家和派系来说,街头巷战是一种有利的战术。

　　前面的战例研究,概述了历史上城市战争中装甲部队一些战例。一个共同的特点是,他们最终都赢得了胜利,虽然程度不同。甚至俄罗斯尽管在格罗兹尼失败,在战术层面上也是成功的,尽管整个行动未能达到击败抵抗力量的既定目标。探寻这些历史案例可以发现,战场上的任一一块短板都不是来自装甲部队,而是来自战略层面的参谋人员和领导者。在任何情况下,装甲部队的火力都使得随行步兵能够接近他们的对手并赢得胜利。如果从这些场景中移除装甲兵,其结果将是带来更高的人员伤亡和更长的时间消耗。

　　长期以来,现代军队的作战理论一直强调避免在大城市使用坦克。二战后坦克作为步兵支援武器的重要程度发生了变化。相反,世界主要国家生产坦克,主要都是用于对抗战场上敌人的装甲兵。主要安装于车辆前部的装甲,远距离观瞄器材和用于打击敌坦克的高初速主炮等,都表明了这一点。坦克也是通过发扬火力和高机动性来对付敌薄弱环节,从而避免遭受重大损失。对这一评估持怀疑态度的人只需看看弹药架就知道了。在1945年至2003年期间,美国坦克常规携带的绝大多数弹药是超高速尾翼稳定脱壳穿甲弹或高爆穿甲弹。脱壳穿甲弹在城市的使用范围有限。高爆穿甲弹对墙壁和砖石结构很有用,但不具备高爆弹的面杀伤效应,也不具备蜂窝弹对人员产生的杀伤效果。

一般来说,坦克在封闭区域内有诸多使用受限的地方。其武器不适合近距离作战,尤其无法对目标的侧面和后方进行瞄准。主炮往往太长,使坦克无法在狭窄的街道上顺利通行,而且小小的观察窗不利于观察战场和搜索目标。顶部、侧面和后侧装甲通常较薄,底部装甲更薄。这使得坦克特别容易受到地雷和简易爆炸装置的攻击,而这些都是在城市战斗中非常常见的障碍。因此,坦克在空旷战场上令人畏惧的构造,反而使得它在城市狭小的空间里极易受到攻击。毫无疑问,指挥官和参谋人员希望避免在城市战斗中投入大量装甲部队。尽管如此,多年来军队一直在城市中使用装甲兵,因为尽管坦克有着潜在缺陷,但它是最有效的全天候武器系统,是可以向目标投射精确的重火力。

亚琛战役是在城市战斗中使用装甲支援步兵的一个很好的例子。到1944年,美军已是经验丰富的军队,虽然没有专门为城市作战而训练,但这些部队已经研究出攻击德国"西墙"("齐格弗里德"防线)的必要战术和技能。在战争的那个阶段,装甲部队也善于配合步兵和提供火力支援。这些经验结合起来很快就成功地适应了城市战斗。美国人呈现的指挥和控制不仅有条不紊,而且协同动作十分有效。脆弱的M4"谢尔曼"坦克和M10坦克歼击车效果很好,有效地为步兵提供支援,掩护他们免受可怕的反装甲部队的攻击。德军守军的孤立和霍根特遣部队的快速部署打乱了德军的防御,加速了亚琛战役的结束。

在顺化战役中使用装甲力量,是由于在春季攻势开始时幸运地配备了海军陆战队的M48坦克。能够挨得住敌人的B-40火箭弹,使得重型装甲可以发扬其火力,以支援海军陆战队夺回城市。尽管没有接受过城市作战的训练,陆战队还是很快就适应了恶劣的天气、政治上的种种限制和顽强的对手。他们还与南越部队密切合作,南越部队在最初的进攻中受到重创,战斗力恢复较慢。事实证明,美国和南越的装甲部队在支援步兵夺回顺化的进攻方面起到了决定性作用。由于对方无法用 B-40 火箭弹摧毁重型装甲车辆,美国海军陆战队和南越部队可以肆无忌惮实施抵近攻击,使北越军队遭受猛烈火力打击。

在贝鲁特战役中,装甲车辆在城市作战中支援步兵行动的传统有了轻微的改变。以色列人掌握了在开阔沙漠地带作战的战斗流程,事实证明他们也善于在行动中调整其部队编成并完善其指挥控制程序。指派步兵军官指挥重装甲部队就是一个显著例子。在沿海岸向贝鲁特开进的途中,往往是坦克带头进攻,步兵紧随其后提供支援。以色列坦克轰击巴解组织的支撑点和难民营,并以猛烈火力和快速机动,迅速缩小泰尔和西顿的包围圈。大胆和广泛使用工兵力量架设桥梁和清除地雷及残骸,保持了进攻的势头。先进的"梅卡瓦"和 M60 坦克在数量上远远优于对手,通常能够承受来自老旧的 RPG-7 火箭筒的多次打击。不受战术指挥官控制的政治因素在某种程度上制约了此次装甲行动。

第一次格罗兹尼进攻战役可能是在大型城市地形实施装甲突击的典型失败战例。由于未经训练和指挥不力,俄军装甲部队很容易成为车臣 RPG-7 火箭筒的猎物。由于车辆设计的技术限制,成群的俄军坦克和装甲运输车在狭窄的街道上动弹不得,无法反击,很快被击毁。俄军集中使用重型火力最终取得了成功,但同时也将格罗兹尼市化为一片废墟。

2004 年 11 月的费卢杰战役可能是在城市环境中使用重型装甲部队最成功的战役。在良好指挥下,老兵们能够大胆地使用坦克和装甲运输车充当先头部队,迅速粉碎敌对力量。事实证明,这种冲击和速度足以破坏敌人的防御,而敌人再也无法恢复到协同配合的状态。

前几章介绍了坦克在城市战争中的成功运用;即使是在格罗兹尼的俄国人,一旦适应了这种意想不到的情况,也最终取得了成功。在 1994 年参加最初行动的部队没有贯彻俄军已有的城市作战理论。俄罗斯军队在冷战后的萎靡不振是非常严重的,部队没有为即将发生的大事做好准备,其结果是灾难性的。1944年和1968年的美军并没有在大城市作战的作战理论,但参战部队丰富的经验弥补了这一不足。在之前树篱和丛林中的战斗,锻炼出了城市战斗所需要的小部队配合和战术技巧,加之一点聪明才智和干劲,这些进攻部队占了上风。

理想的情况是,城市战斗的准备应从和平时期开始。必须研究和掌握各种场景、选项、制约和限制,以及法律因素和城市特点。指挥官和参谋人员必须牢记,由于没有任何两个城市是完全相同的,每一次城市作战都是不可复制的,也不会有"标准"的城市作战。因为在实体布局、敌军实力和人口数量上都存在变量。作战理论和部队训练要强调在城市作战的特定技能,但也必须保持足够的灵活性,以便迅速适应可能出现的一系列突发情况。参考历史规律,巷战往往发生在小队(组)或排级兵力之间。同时,有些政治因素、法律限制、基础设施和不断更新的敌军战法等因素,基层指挥官也的确很难研究并纳入到训练和作战之中。掌握城市战争的本质对任何军队来说都是一项艰巨的任务,而遂行或支援城市战斗的任务也是艰巨的。虽然可能有一个例外,但本书列举的所有战例中,军队是在没有经过全面的城市战训练的情况下进攻城市。每一个战例最终都赢得了胜利,要么是因为他们在小部队战术方面较高的水平技能或经验,要么是因为他们大量使用了重型火力。为了弥补平时训练和街头作战之间的差距,美军必须充分接受在城市作战中使用装甲力量的概念,并为此做好相应的准备。

历史事实表明,坦克和装甲车的机动性,以及它们的防御性装甲,使得它们能够在城市战斗中输出重火力。保持机动性对发挥坦克的效能和提高生存能力至关重要。常用做法是利用大型工程机械来清除残骸、碎石和被击毁挡路的装甲车辆,并将装甲车辆可能通过道路上的地雷和简易爆炸装置排除。俄军在格罗兹尼的失败就是十分典型的战例。一旦被困在狭窄的街道上,即使是先进的T-80坦克也很容易受到简易RPG-7的攻击。而一旦在狭窄的街道和小巷里停止不动,即使是最强大的坦克也会变成一个火力有限的碉堡。费卢杰之战是一个戏剧性的战例，它展示了装甲部队的快速推进瓦解了敌人防御，并迅速夺取了胜利。

保持机动性的一种有效方法是使用机动、火力或迷茫来扰乱敌人的射击计划。快节奏行动也会挑战敌人的反应和应变能力。这些战法要求指挥官对部队在城市地形上的作战能力和武器效能有深入了解。指挥官和参谋人员必须了解城市化带来的优劣及其对战术行动的影响。由此基于机动的作战，可以避免打成消耗战，防止出现大量的伤亡。

在一定时期内进行快节奏作战需要大量的后勤支持，特别是弹药补给。油料供应也应受到重视，因为现代坦克的燃气轮机的油耗是出了名的高昂。在顺化战役中，美国海军陆战队没有想到这一点，因此坦克被迫从前线撤回，以补充弹药和加注油料。向皇城进攻的步兵敏锐地感觉到这种战斗力暂时缺失的后果。灵活的指挥与控制，以及高效的情报工作同样是巷战中至关重要的因素。

坦克和装甲车辆的车身设计，历来更适合开阔地战斗。较之正面，其顶部、后部和底部的装甲防护非常薄弱，容易受到城市战斗中常见的近程火箭弹和地雷的攻击。装甲必须能够承受或弹开敌方武器战斗部所造成的伤害。如果不能做到这一点，装甲车辆就会成为乘员的死亡桎梏，重型武器也会失去作用。RPG-7火箭弹在世界各地随处可见，美军坦克部队在未来几年还会遇到。制造该火箭弹的国家已经意识到复合装甲的防护能力，毫无疑问正在为RPG-7寻找一种威力更大的战斗部乃至一种更为先进的单兵武器。如果是在现在，使用在费卢杰战役中一样的以坦克贸然突入的城市进攻战术，可能会惨淡收场，需要像在亚琛和顺化那样，装甲力量重新回归步兵支援火力的战位。

专为城市作战设计的新型坦克或装甲车不会很快形成战力，美国军队必须依靠现有作战车辆。无论是新的车型出现，还是使用原来的系统，在城市地形中都有一个不可动摇的原则——除非情况极为非同寻常，坦克和装甲车必须有足够的步兵或集中火力的密切支援,以保护它们免受现代战场上常见的各种手持反坦克武器的攻击。切断步兵支援的装甲车辆将很快会沦为敌人的牺牲品。亚琛之战或许是最好的例子。M4"谢尔曼"是一种很好的步兵支援坦克,但是德国的反坦克武器对其防护力不强装甲的打击是毁灭性的。为了补足短板,美国人花了很大力气用步兵掩护它们。俄罗斯在格罗兹尼的行动是这一论点的另一个极端。俄军进入市中心的最初几次出击被击溃,因为随伴步兵仍然在行军状态,无法保护坦克免受RPG-7炮火的袭击。在"加利利和平行动"中,以色列人认识到他们的部队编制不适合战斗,并事先调整了部队编组和指挥体系。

随着世界城市化进程的推进以及各类新武器的出现,大城市的军事行动将变得更加普遍,也将更加致命。美国陆军的城市作战基本理论是健全的;然而,在伊拉克所吸取的教训正在使其更加完善。目前,这些经验教训在各级官兵中根深蒂固,因为人员在多个部队中服役,训练中心和兵种院校会将这些经验教训纳入他们的课程。在短期内,美国拥有夺取大型城市中心的强大作战力量。

在撰写本书时,全球范围内的新型坦克设计和列装普遍停滞不前。世界上的主要军事强国都致力于通过在火力、机动和防护方面的各种升级来延长现有装备的使用寿命。对美国来说,随着新技术的发展,下一代坦克的研制工作正在紧锣密鼓地进行中。在那之前,美国的规划者们需要"凑合着"使用"艾布拉姆斯"系列坦克,因为没有装备能比它更有效地将精准的重型火力带入城市。在不久的将来,不太可能出现一种单一的技术或系统将胜利天平倾向城市作战中的进攻方。相反,只有综合战略思维、作战原则、作战需求、技术支持、系统筹划和与之配套的指挥、控制、训练和教育,才能获得城市战的有效解决方案。毫无疑问,坦克和装甲车辆必将发挥至关重要的作用。

关 于 作 者

肯德尔·D. 戈特(Kendall D. Gott)曾任美国陆军装甲兵、骑兵和军事情报军官,于2000年退役。他的战斗经验丰富,经历了海湾战争和随后针对伊拉克的两次行动。戈特先生出生于美国伊利诺斯州皮奥瑞亚,1983年取得了西伊利诺斯州立大学(Western Illinois University)历史学学士学位,随后在美国陆军指挥和参谋学院(US Army Command and General Staff College, USACGSC)获得了军事艺术与理学硕士(MMAS)学位。在2002年回到堪萨斯之前,戈特先后在奥古斯塔州立大学(Augusta State University)和佐治亚军事学院(Georgia Military College)任历史学副教授。2002年10月,他加入了战斗研究所(CSI)开始了研究和著述,并从事军事历史方面的研究。戈特的作品主要有:《荣耀之影:海湾战争中的第2装甲骑兵团,1990—1991》(*Glory's Shadow: The 2d Armored Cavalry Regiment During the Persian Gulf War, 1990—1991*)和《南方输掉战争的地方:亨利堡—多纳尔森堡战役分析,1862年2月》(*Where the South Lost the War: An Analysis of the Fort Henry - Fort Donelson Campaign, February 1862*)。戈特先生是南北战争讨论会的常客,他还出现在近期历史频道关于堪萨斯矿河战役(Battle of Mine Creek)的纪录片中,以及Aperture Films公司的纪录片《田纳西的三个要塞》(*Three Forts in Tennessee*)中。

参 考 书 目

政府文件与条令出版物

[1] Colby, Elbridge. The First Army in Europe. US Senate Document 91-25. Washington, DC: US Government Printing Office, 1969.

[2] Department of the Army. FM 3-06, Urban Operations. Washington, DC: US Government Printing Office, June 2003.

[3] Department of the Army. FM 3-06.11, Combined Arms Operations in Urban Terrain. Washington, DC: US Government Printing Office, 28 February 2002.

[4] Department of the Army. FM 90-10, Military Operations in Urban Terrain (MOUT). Washington, DC: US Government Printing Office, 1979.

[5] Department of the Army. FM 90-10-1, An Infantryman's Guide to Combat in Built-up Areas. Washington, DC: US Government Printing Office, 1993.

[6] General Service Schools. The Employment of Tanks in Combat. Fort Leavenworth, KS: General Service Schools Press, 1925.

[7] Grau, Lester W. and Timothy Thomas. Russian Lessons Learned from the Battles for Grozny. Fort Leavenworth, KS: Foreign Military Studies Office, 2000.

[8] Grau, Lester W. Russian-Manufactured Armored Vehicle Vulnerability in Combat: The Chechnya Experience. Fort Leavenworth, KS: Foreign Military Studies Office, 1997.

[9] Killblane, Richard E. Circle the Wagons: The History of US Army Convoy Security. Fort Leavenworth, KS: Combat Studies Institute Press, 2005.

[10] MacDonald, Charles B. US Army in WWI: The Siegfried Line Campaign. Washington, DC: US Government Printing Office, 1984.

[11] Department of Defense. Handbook for Joint Operations. Washington, DC: US Government Printing Office, 17 May 2000.

[12] United States War Department. Infantry Field Manual. Washington, DC: US Government Printing Office, 1931.

专著与二手史料

[1] Anderson, Jon L. The Fall of Baghdad. New York: The Penguin Press, 2004.

[2] Bodansky, Yossef. The Secret History of the Iraq War. New York: Harper Collins Publishers, 2004.

[3] Butler, William and William Strode, eds. Chariots of Iron: 50 Years of American Armor. Louisville, KY: Near Fine Harmony House, 1990.

[4] Conroy, Jason and Ron Martz. Heavy Metal: A Tank Company's Battle to Baghdad. Dulles, VA: Potomac Books, Inc. , 2005.

[5] Cordesman, Anthony H. Iraqi Security Forces: A Strategy for Success. Westport, CN: Praeger Specialty International, 2006.

[6] Cordesman, Anthony H. and Patrick Baetjer. The Lessons of Modern War, Volume I: The Arab-Israeli Conflicts, 19731989. Boulder, CO: Westview Press, 1990.

[7] Cooper, Belton Y. Death Traps: The Survival of an American Armored Division in World War II. Novato, CA: Presidio Press, 1998.

[8] Dewar, Michael. War in the Streets: The Story of Urban Combat from Calais to Khafji. Newton Abbot, UK: David & Charles, 1992.

[9] Dupuy, Trevor N. The Evolution of Weapons and Warfare. Fairfax, VA: Hero Books, 1984.

[10] Eshel, David. Chariots of the Desert: The Story of the Israeli Armoured Corps. London: Brassey's Defense Publishers, 1989.

[11] Mid-East Wars: Israel's Armor in Action. Hod Hashron, Israel: Eshel-Dramit, 1978.

[12] Evangelista, Matthew. The Chechen Wars: Will Russia Go the Way of the Soviet Union? Washington, DC: Brookings Institute Press, 2002.

[13] Fowkes, Ben, ed. Russian and Chechnya: The Permanent Crisis. New York: St. Martin's Press, Inc. , 1998.

[14] Fuller, John F. C. Armored Warfare. Westport, CN: Greenwood Press, 1994.

[15] Gall, Carlotta and Thomas de Waal. Chechnya: Calamity in the Caucasus. New York: New York University Press, 1998.

[16] Guderian, Heinz G. From Normandy to the Ruhr: With the 116th Panzer Division in World War II. Bedford, PA: The Aberjona Press, 2001.

[17] Hammel, Eric M. Fire in the Streets: The Battle for Hue, Tet 1968. Chicago, IL: Contemporary Books, 1990.

[18] Haworth, William B., Jr. "The Bradley and How it Got That Way: Mechanized Infantry Organization and Equipment in the US Army." Ph. D. diss, Ann Arbor, MI: UMI Dissertation Services, 1998.

[19] Herzog, Chaim. The Arab-Israeli Wars: War and Peace in the Middle East. New York: Vintage Books, 1984.

[20] Himes, Rolf. Main Battle Tanks: Development in Design Since 1945. Washington, DC: Brassey's Defense Publishers, 1987.

[21] Hunnicutt, R. P. Abrams: A History of the American Main Battle Tank, Volume 2. Novato, CA: Presidio Press, 1990.

[22] Patton: A History of the American Main Battle Tank. Novato, CA: Presidio Press, 1984.

[23] Sherman: History of the American Medium Battle Tank, Volume 2. Novato, CA: Presidio Press, 1978.

[24] Hogg, Ian V. Armour in Conflict: The Design and Tactics of Armoured Fighting Vehicles. London: Jane's Publishing Company, 1980.

[25] Tank Killing: Anti-Tank Warfare by Men and Machines. New York: SARPEDON, 1996.

[26] Jarymowycz, Roman J. Tank Tactics: From Normandy to Lorraine. London: Lynne Rienner Publishers, 2001.

[27] Kaplan, Philip. Chariots of Fire: Tanks and Their Crews. London: Aurum Press Ltd., 2003.

[28] Karnow, Stanley. Vietnam: A History. New York: Penguin Books, 1983.

[29] Knickerbocker, H. R. Danger Forward: The Story of the First Division in World War II. Washington, DC: Society of the First Division, 1947.

[30] Lieven, Anatol. Chechnya: Tombstone of Russian Power. New Haven, CN: Yale Univeristy Press, 1998.

[31] Morrison, Wilbur H. The Elephant and the Tiger: The Full Story of the Vietnam War. New York: Hippocrene Books, 1990.

[32] Nolan, Keith W. Battle for Hue: Tet, 1968. Novato, CA: Presidio Press, 1983.

[33] Oberdorfer, Don. Tet! Garden City, NY: Doubleday & Company, Inc. ,1971.

[34] Ogorkiewicz, Richard M. Design and Development of Fighting Vehicles. Garden City, NY: Doubleday, 1968.

[35] Technology of Tanks. Surrey, England: Jane's Information Group, 1991.

[36] Oliker, Olga. Russia's Chechen Wars, 1994—2000: Lessons from Urban Combat. Santa Monica, CA: RAND Corporation, 2001.

[37] Perrett, Bryan. Iron Fist: Classic Armoured Warfare Case Studies. London: Arms and Armour Press, 1995.

[38] Phillips, David L. Losing Iraq: Inside the Postwar Reconstruction Fiasco. New York: Westview Press, 2005.

[39] Pollack, Kenneth M. Arabs at War: Military Effectiveness, 1948 – 1991. Lincoln, NE: University of Nebraska Press, 2002.

[40] Rabinovich, Itamar. The War for Lebanon, 1970–1985. Ithaca, NY: Cornell University Press, 1985.

[41] Robertson, William G. , ed. Block by Block: The Challenges of Urban Operations. Fort Leavenworth, KS: U. S. Army Command and General Staff College Press, 2003.

[42] Robinett, Paul M. Armor Command: The Personal Story of a Commander of the 13th Armored Regiment, of CCB, 1st Armored Division, and of the Armored School During World War II. Washington, DC: McGregor & Werner, Inc. , 1958.

[43] Rogers, Hugh C. B. Tanks in Battle. London: Seeley Publishing, 1965.

[44] Ross, G. MacLeod. The Business of Tanks, 1933 to 1945. Ilfracombe, England: Arthur H. Stockwell, 1976.

[45] Schreier, Konrad F. , Jr. Standard Guide to US World War II Tanks & Artillery. Iola, WI: Krause Publishing, 1994.

[46] Simpkin, Richard. Red Armour: An Examination of the Soviet Mobile Concept. Washington, DC: Brassey's Defense Publisher, 1984.

[47] Tank Warfare: An Analysis of Soviet and NATO Tank Philosophy. London: Brassey's Publishers, Ltd. , 1979.

[48] Smith, George W. The Siege of Hue. New York: Ballantine Books, 2000.

[49] Spiller, Roger J. , ed. Combined Arms in Battle Since 1939. Fort Leavenworth, KS: U. S. Army

Command and General Staff College Press, 1992.

[50] Starry, Donn A. Armored Combat in Vietnam. New York: Arno Press, 1980.

[51] Stone, John. The Tank Debate: Armour and the Anglo-American Military Tradition. Amsterdam: Harwood Academic, 2000.

[52] Sun Tzu. Art of War, trans. Samuel B. Griffith. New York: Oxford University Press, 1963.

[53] Thompson, W. Scott and Donald D. Frizzell. The Lessons of Vietnam. New York: Crane, Russak & Company, 1977.

[54] Tucker, Mike. Among Warriors in Iraq: True Grit, Special Ops, and Raiding in Mosul and Fallujah. Guilford, CN: The Lyon's Press, 2005.

[55] Warr, Nicholas. Phase Line Green: The Battle for Hue, 1968. Annapolis, MD: Naval Institute Press, 1997.

[56] Werstein, Irvin. The Battle of Aachen. New York: Thomas Y. Crowell Company, 1962.

[57] West, Bing. No True Glory: A Frontline Account of the Battle for Fallujah. New York: Bantam Books, 2005.

[58] Westmoreland, William C. A Soldier Reports. New York: Da Capo Press, 1976.

[59] Whiting, Charles. Bloody Aachen. New York: PEI Books, Inc. , 1976.

[60] Siegfried: The Nazis' Last Stand. New York: Stein and Day Publishing, 1982.

[61] West Wall: The Battle for Hitler's Siegfried Line, September 1944–March 1945. Conshohocken, PA: Combined Publishing, 2000.

[62] Wright, Patrick. Tank: The Progress of a Monstrous War Machine. New York: Penguin Putnam, Inc. , 2002.

[63] Yazid Sayigh. Arab Military Industry: Capability, Performance, and Impact. London: Brassey's Defense Publishers, 1992.

[64] Zaloga, Steven J. and James W. Loop. Soviet Tanks and Combat Vehicles, 1946 to Present. Dorset, England: Arms and Armour Press, 1987.

[65] Zaloga, Steven J. T-54, T-55, T-62. New Territories, Hong Kong: Concord Publishing, 1992.

[66] T-64 and T-80. New Territories, Hong Kong: Concord Publishing, 1992.

[67] The M2 Bradley Infantry Fighting Vehicle. London, Osprey Publishing, 1986.

期刊文章

[1] Antal, John F. "Glimpse of Wars to Come: The Battle for Grozny." Army 49, no. 6 (June 1999): 28-34.

[2] Betson, William R. "Tanks in Urban Combat." Armor, no. 4 (July-August 1992): 22-25.

[3] Blank, Stephen. "Russia's Invasion of Chechnya: A Preliminary Assessment." Strategic Studies Institute, 1994.

[4] Celestan, Major Gregory J. "Red Storm: The Russian Artillery in Chechnya," Field Artillery (January-February 1997): 42-45.

[5] Chiarelli, Peter W. "Armor in Urban Terrain: the Critical Enabler." Armor, no. 2 (March-April 2005): 14-17.

[6] Gabriel, Richard A. "Lessons of War: The IDF in Lebanon." Military Review (August 1984): 47-65.

[7] Geibel, Adam. "Lessons of Urban Combat: Grozny 1994." Infantry 85, no. 6. (November-December 1995): 21-23.

[8] Groves, Brigadier General John R. "Operations in Urban Environments." Military Review (July-August 1998): 7-12.

[9] Milton, T. R. "Urban Operations: Future War." Military Review (February 1994): 37-46.

[10] Mizrachi, Arie. "Israeli Artillery Tactics and Weapons: Lessons Learned in Combat." Field Artillery, no. 1 (February 1990): 7-10.

[11] Peters, Ralph. "The Future of Armored Warfare." Parameters (Autumn 1997): 50-59.

[12] Showalter, Dennis. "America's Armored Might." World War II Magazine 20, no. 1 (April 2005): 50-56.

[13] Thomas, Timothy L. "Grozny 2000: Urban Combat Lessons Learned." Military Review (July-August 2000).

[14] "The Battle of Grozny: Deadly Classroom for Urban Combat." Parameters (Summer 1999): 87-102.

[15] Tiron, Roxana. "Heavy Armor Gains Clout in Urban Combat." National Defense Magazine (July 2004): 34-41.